LES MATÉRIELS DE L'ARMÉE DE L'AIR ET DE L'

AMD-BA
MIRAGE 2000 N

Hervé BEAUMONT

Profils couleurs de Stéphane Garnaud

HISTOIRE & COLLECTIONS

Mirage 2000 N
LA DÉFINITION D'UN NOUVEAU SYSTÈME D'ARMES

Ci-dessus.
Au roulage avant un vol de démonstration lors d'un salon du Bourget, le Mirage 2000 N 01, configuré avec des réservoirs pendulaires de 1 700 l, une maquette de missile ASMP et des maquettes de missile Magic 2.
(DR/Collection H. Beaumont)

À la fin des années soixante-dix, la force de dissuasion nucléaire française reposait sur une triade composée de vecteurs aériens mis en œuvre par les FAS (Forces Aériennes Stratégiques) : les Mirage IV A emportant la bombe nucléaire ANM 22 (Arme Nucléaire Mirage IV) à fission, d'une puissance nominale de 70 kilotonnes et les dix-huit missiles SSBS S3 à tête nucléaire (Sol-Sol Balistique Stratégique) du plateau d'Albion.

En parallèle, la FOST (Force Océanique STratégique) de la Marine Nationale mettait en œuvre les SNLE (Sous marins Nucléaires Lanceurs d'Engins), emportant chacun seize missiles MSBS M20 à tête nucléaire (Mer Sol Balistique Stratégique). L'amélioration continuelle des défenses anti aériennes des pays du bloc de l'Est qui accroissait la vulnérabilité des Mirage IV A, malgré l'amélioration de leurs systèmes de contre-mesures électroniques (CME), conduisit l'État-major de l'Armée de l'Air à envisager un nouveau système d'armes pour le remplacement de la bombe nucléaire ANM 22, dont le largage supposait une proximité avec l'objectif visé. Ce système d'armes devait également permettre le remplacement de la mission nucléaire tactique dévolue à la FATac (Force Aérienne Tactique) et à la Marine Nationale, assurée par les Escadrons de Chasse 1/4 « Dauphiné », 2/4 « La Fayette » équipés de Mirage III E, 1/7 « Provence », 3/7 « Languedoc » et 4/7 « Limousin » équipés de Jaguar A et par les flottilles 11F, 14F et 17F équipées de Super

Le Mirage IV A 03 configuré avec des réservoirs pendulaires RP 20 de 2 500 l, une maquette de bombe AN 21 et, aux points externes sous voilure, des détecteurs brouilleurs CT 51 « Espadon » qui amélioraient les capacités CME.
(Dassault Aviation)

Le Mirage IV A n° 45 à basse altitude, configuré avec des réservoirs pendulaires de 2 500 l. (B. Regnier)

Étendard, tous ces avions ayant la capacité d'emport de la bombe nucléaire ANT 52 (Arme Nucléaire Tactique) à fission, d'une puissance nominale de 20 kilotonnes.

Le vieillissement de la flotte des Mirage IV A, Mirage III E et Jaguar A, celui des bombes nucléaires ANM 22 et ANT 52, la procédure de tir des bombes en LADD *(Low Altitude Drop Delivery)* imposant une forte proximité avec l'objectif combiné avec l'efficacité améliorée des défenses antiaériennes ennemies, justifiaient la définition d'un nouveau système d'armes capable de pénétration par vecteur aérien piloté, soit un couple avion/arme nucléaire.

LES ORIGINES DU MIRAGE 2000

Parmi les éléments indispensables à la mise en œuvre de la force de dissuasion nucléaire, sa protection et son intégrité sont fondamentales.

Si le problème était par définition peu évident pour les SNLE — dont les caractéristiques étaient, et demeurent, l'invulnérabilité, la discrétion et la mobilité —, il était en revanche essentiel pour les missiles du plateau d'Albion, pour les bases aériennes abritant les escadrons en charge des missions nucléaires stratégiques et tactiques, pour les unités de stockage et de soutien opérationnel, notamment les DAMS (Dépôt Atelier de Munitions Spéciales).

Jusqu'aux avant-projets préfigurant le Mirage 2000 en 1974, cette protection aérienne était assurée par les escadrons dotés de Mirage III E, de Mirage F1 C et F1 C-200 qui remplissaient deux missions : l'interception tout temps d'appareils ennemis qui tenteraient de survoler le territoire, et la couverture aérienne à basse altitude des bases nucléaires.

Afin de préserver l'efficacité de la mission d'interception, il convenait d'anticiper les performances améliorées des appareils ennemis, potentiellement capables de voler à près de Mach 3 à une altitude proche des 90 000 ft (27 400 m). Malgré leurs nombreuses qualités, les Mirage III E, les Mirage F1 C (dépourvus de la capacité de ravitaillement en vol limitant leur rayon d'action) et les Mirage F1 C-200, ne pourraient à terme assurer leur mission. En parallèle, il convenait d'anticiper le vieillissement de la flotte des Jaguar A d'appui tactique.

Les origines du programme Mirage 2000 remontent à 1967, suite à l'abandon du projet franco-britannique pour un avion biréacteur à géométrie variable, l'AFVG (pour Anglo-French Variable Geometry), dont les études avaient été confiées à BAC (British Aircraft Corporation) et à la GAMD (Générale Aéronautique Marcel Dassault). L'État-major de l'Armée de l'Air souhaitait le développement d'un biréacteur multimissions à flèche variable : le programme « RAGEL » (Reconnaissance, Attaque, Guerre Électronique Lointaine), qui devait aussi avoir la capacité de missions de pénétration nucléaire.

Ce programme succédait au développement du Mirage G (G pour « Géométrie variable ») qui avait fait son premier vol à Istres le 18 novembre 1967 avec Jean Coureau aux commandes. Le Mirage G était un prototype expérimental, capable de décollages et d'atterrissages

Le Mirage III E n° 609 de l'EC 2/4 « La Fayette » en configuration de pénétration nucléaire tactique avec des réservoirs pendulaires RP 30 de 1 700 l et un conteneur d'entraînement CEN 52. (B. Piètre)

5

Patrouille de quatre Super Étendard, dont les n° 37 et n° 6 appartenant à la Flottille 11 F configurés avec un réservoir pendulaire de 1 100 l et une maquette de bombe nucléaire AN 52 sous l'aile droite. *(Dassault Aviation)*

courts, de vitesses réduites à l'atterrissage et de grandes vitesses en vol, rendus possible par la variation de sa flèche dans un spectre compris entre 20° et 70°.

Cet avion allait parfaire la connaissance de l'aile en flèche disposant d'éléments hypersustentateurs, avec des becs de bords d'attaque basculants et des volets à double fente sur toute l'envergure du bord de fuite. L'avion du programme « RAGEL » devait être propulsé par deux moteurs SNECMA (Société Nationale d'Étude et de Construction de Moteurs d'Aviation) ATAR 9 K 50 (Atelier Technique Aéronautique de Rickenbach). Considéré prohibitif par son coût, les spécifications du programme furent modifiées en 1970, au profit d'un avion biréacteur plus petit, en version monoplace pour l'interception et en version biplace pour les missions d'attaque et de pénétration. Renommé Mirage G 8, le projet devait à terme recevoir le moteur de nouvelle génération SNECMA M53.

Deux prototypes aux performances remarquables furent construits, le Mirage G 8-01 et le Mirage G 8-02 (premiers vols les 8 mai 1971

Ci-dessus.
Le Jaguar A n° 141 de l'EC 3/7 « Limousin » en configuration de mission nucléaire tactique avec un conteneur d'entraînement CEP 52, des réservoirs pendulaires RP 36 de 1 200 l et un lance-leurres MATRA Phimat. *(DR/Collection H. Beaumont)*

Le Mirage G à l'atterrissage à Melun-Villaroche, voilure en flèche variable à 20°, volets hypersustentateurs et becs de bord d'attaque déployés. *(Dassault Aviation)*

Ci-dessus.
Les Mirage G8 02 et G8 01 à proximité d'Istres, voilures en flèche variable à 20°.
(Dassault Aviation)

Ci-contre.
Maquette du Super Mirage. *(Dassault Aviation)*

Ci-dessous.
Maquette initiale du Mirage 2000. Les aigrettes sur les entrées d'air étaient absentes.
(Dassault Aviation)

Ci-dessous, à droite.
Passage à la tour de contrôle d'Istres du Mirage 2000 B 01, configuré avec des maquettes de missile Matra Super 530 F aux points externes sous voilure.
(Dassault Aviation)

et 13 juillet 1972 à Istres, avec Jean-Marie Saget). Une fois encore, l'État-major fit évoluer ses besoins et, en juin 1972, orienta sa fiche programme vers un avion multimissions, l'Avion de Combat Futur (ACF). Les études de ce nouveau projet biréacteur abandonnaient le principe de la flèche variable pour une voilure haute, fixe, en flèche à 55°. Dénommé « Super Mirage », le programme fut abandonné mi 1975 pour des raisons budgétaires, le financement d'un biréacteur se révélant impossible.

Depuis 1953, les responsables des services de l'État et de l'Armée de l'Air avaient singulièrement fait preuve d'un manque de constance dans les orientations des fiches programmes, changeant régulièrement les spécifications et leurs demandes consécutives auprès des constructeurs. Dans cette logique, la GAMD avait souvent anticipé ces approximations en développant des prototypes sur ses fonds propres, se reposant sur les compétences exceptionnelles de ses équipes et sur sa stratégie de développement fondée sur les acquis de solutions techniques éprouvées.

Dans les compétitions avec les sociétés nationalisées depuis 1947, la société de Marcel Dassault emporta tous les marchés d'avions de combat destinés à l'Armée de l'Air en appliquant une stratégie de développement adaptée, à l'exception du chasseur bombardier Sud Ouest 4050 « Vautour » (SO 4050) de la Société Nationale de Constructions Aéronautiques du Sud Ouest (SNCASO), dont le marché avait été officialisé en novembre 1953.

Ainsi, dès 1974 au sein de la société Avions Marcel Dassault-Breguet Aviation (AMD-BA), l'équipe technique dirigée par Jean-Paul Emoré travaillait sur un avant-projet de monoréacteur sous la responsabilité de Jean-Jacques Samin. L'option technique privilégiée était celle du retour à l'aile delta qui avait fait ses preuves avec les Mirage III et Mirage IV, et qui pourrait désormais bénéficier de considérables progrès technologiques.

Le cahier des charges était centré sur un avion d'interception de la classe des 10 tonnes/Mach 2+, ayant des capacités d'accélération, de vitesse ascensionnelle, de plafond opérationnel, de guerre électronique, de système d'armes performant et diversifié, tout en conservant des capacités de polyvalence pour l'appui tactique tout temps, la chasse armée et l'intervention lointaine.

Quelques mois près l'abandon du Super Mirage, officialisé en décembre 1975, l'État choisissait le programme Mirage 2000. La commande officielle pour la réalisation de quatre prototypes monoplaces et d'une cellule d'essais fut notifiée le 25 août 1976 et en novembre, il fut décidé que les avions seraient propulsés par le moteur SNECMA M53. Un prototype biplace, le Mirage 2000 B 01 (B pour « Biplace »), décliné de la version monoplace pour la formation et l'entraînement des équipages, fut commandé le 29 décembre 1977, financé pour les études par l'État et pour sa fabrication par les industriels. Le Mirage 2000 B 01 (dont le premier vol avait eu lieu le 11 octobre 1980 à Istres avec Michel Porta aux commandes) préfigurait le nouvel avion de pénétration, capable d'emporter une nouvelle arme nucléaire imposant un équipage composé d'un pilote et d'un navigateur.

LA GENÈSE DU MISSILE ASMP (AIR-SOL MOYENNE PORTÉE)

Les progrès accomplis d'une part, dans la maîtrise de la conception, des matériaux, du guidage et de la propulsion des missiles et d'autre part, dans la maîtrise des armes thermonucléaires (physique nucléaire, comportement de la matière, neutronique, matériaux, détonique, miniaturisation, sûreté), orientèrent les travaux de développement vers une nouvelle arme thermonucléaire tirée à distance de son objectif.

Les premières études françaises sur un missile à tête nucléaire dataient du début des années soixante. Le concept du missile Gamma, développé par la GAMD et par MATRA (Mécanique Aviation TRAction) était un engin air-sol pouvant être largué à 50 000 ft (15 240 m),

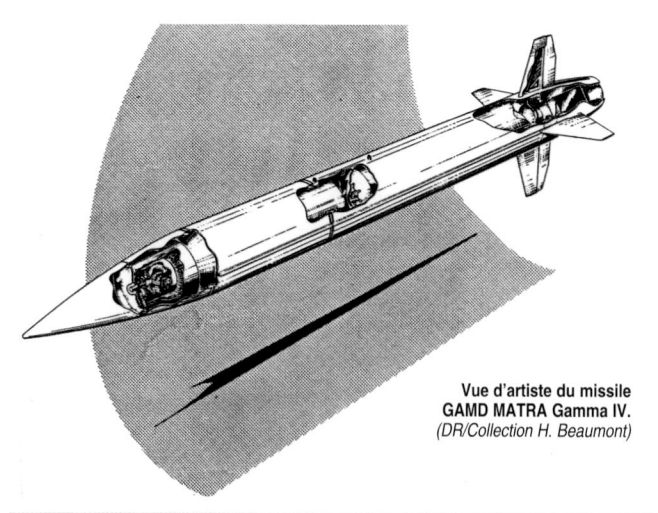

Vue d'artiste du missile GAMD MATRA Gamma IV.
(DR/Collection H. Beaumont)

capable de parcourir 300 km jusqu'à son objectif, améliorant ainsi la portée du système d'armes. Quatre versions furent étudiées, les engins Gamma I, II, III et IV, qui se différenciaient par des spécifications de taille et de puissance de leur charge militaire. En 1963, Sud Aviation étudia également un engin de grandes dimensions, conçu pour le tir à distance, le X4MS, plus tard dénommé X 422. Ces projets furent abandonnés au profit d'une bombe nucléaire à gravitation, car ils posaient des problèmes techniques très complexes (notamment en ce qui concerne les matériaux et le guidage), mal maîtrisés à l'époque qui auraient nécessité un délai considérable pour être résolus.

Au fil du temps, la densité et les performances du réseau défensif sol-air ennemi (moyens de détection, vecteurs de défense aérienne, missiles), imposèrent pour l'avion tireur d'une arme nucléaire qu'il fût à distance de sécurité de son objectif après une phase de pénétration à grande vitesse et à très basse altitude. Cette donnée allait contraindre à la conception et au développement d'une arme nucléaire qui serait tirée loin de son but, capable de suivre très précisément de façon totalement autonome un trajet désigné et paramétré. L'arme devrait avoir une vitesse supersonique élevée pour être capable de passer au travers des défenses ennemies pour atteindre son objectif.

L'encombrement de cette arme devait être compatible avec son vecteur, ce qui en conditionnerait la taille et conséquemment son mode de propulsion, pour atteindre une grande vitesse. La solution retenue était le statoréacteur, mode de propulsion nécessitant d'avoir atteint une vitesse minimale importante pour son fonctionnement. La poussée d'un statoréacteur repose en effet sur l'ingestion d'air à forte pression, à température élevée et à vitesse réduite, dans un conduit en forme de tube sans partie mobile, dans lequel des injecteurs pulvérisent du kérosène, dont la combustion provoque l'éjection des gaz chauds par la tuyère.

Les premières expérimentations françaises significatives furent réalisées entre avril 1949 et décembre 1956 par René Leduc, avec ses avions à tuyère thermopropulsive. Ce furent ensuite les prototypes développés par la SNCAN (Société Nationale de Constructions Aéronautiques du Nord), les Nord 1500 01 « Griffon I » (premier vol le 20 septembre 1955 à Melun-Villaroche avec André Turcat) et Nord 1500 02 « Griffon II » (premier vol le 23 janvier 1957 à Istres avec Michel Chalard), qui permirent un approfondissement de la maîtrise de ce mode de propulsion, sans toutefois connaître d'application opérationnelle.

La combinaison du concept de missile tiré à distance et du concept de la propulsion par statoréacteur allait aboutir au missile Air Sol Moyenne Portée (ASMP) à tête nucléaire.

Le prototype du Nord 1500 02 « Griffon II ».
(DR/Collection H. Beaumont)

LE CAHIER DES CHARGES DU MIRAGE 2000 N

En lignée directe avec le Mirage III, comme en témoignait son aspect général, le Mirage 2000 était un avion de conception totalement nouvelle, intégrant les innovations technologiques développées pendant les dix-huit années séparant les deux programmes. Ces innovations concernaient principalement quatre domaines :

✓ L'aérodynamique, avec une voilure delta de grande surface équipée de becs de bords d'attaque mobiles permettant la réduction des vitesses d'approche et de décrochage, comportant des « élevons » (contraction d'« elevator » — gouverne de profondeur — et d'aileron — gouverne de gauchissement). La formule de l'aile delta de grandes performances ainsi conçue, présentait des avantages de gain de poids, de faible traînée et de faible charge alaire.

✓ Les composants en matières composites (fibres de carbone et de bore) apportant des gains en poids et en solidité.

✓ Les commandes de vol électriques, qui avaient été expérimentées sur les prototypes à décollage et atterrissage vertical Balzac V001 (V pour « Vertical »), premier vol le 18 octobre 1962 avec René Bigand), Mirage III V 01 (premier vol le 10 février 1965 avec René Bigand) et Mirage III V 02 (premier vol le 22 juin 1966 avec Jean-Marie Saget, tous à Melun-Villaroche). Développées à la GAMD sous la direction de Joseph Ritzenthaler, les commandes de vol électriques facilitant le pilotage amélioraient la fiabilité, la sécurité du vol et la manœuvrabilité dans un domaine de vol élargi.

✓ Les équipements électroniques emportés pour la gestion de la navigation, du suivi de terrain, de la détection, du brouillage et des armements.

En date du 1er février 1978, l'État-major de l'Armée de l'Air établissait une fiche programme pour un avion monoplace initialement dénommé Mirage 2000 ASMP, capable de missions de pénétration, suivie les 23 février et 12 juillet 1979 de nouvelles fiches programmes pour un avion biplace, avec un système d'armes et un SNA (Système de Navigation et d'Armement) reposant sur un radar de suivi de terrain et de navigation Thomson CSF (Compagnie générale de télégraphie Sans Fil) EMD (Électronique Marcel Dassault) Antilope V TC (Trajectographie Cartographie). L'avion devait avoir la capacité d'emport du missile ASMP, d'armements conventionnels, de conteneurs canons AMD-BA CC 421 renfermant un canon DEFA (Direction des Études et Fabrication d'Armements) de 30 mm, être équipé d'une caméra panoramique et posséder des capacités de guerre électronique : d'autoprotection, de détection, de brouillage et de leurrage. La version de série recevrait un réacteur SNECMA M 53-5 (délivrant 5 500 kgp de poussée à sec et 9 000 kgp de poussée avec postcombustion). En mars 1983, l'État-major décida l'adoption du réacteur SNECMA M 53-P2, puis en avril 1983 supprima la capacité d'emport de conteneurs canons et de la caméra panoramique. L'avion ainsi défini avait reçu la désignation Mirage 2000 P (P pour « Pénétration »), modifiée en Mirage 2000 N (N pour « Nucléaire »), afin d'éviter toute confusion avec le Mirage IV P et avec le Mirage 2000 P (monoplace commandé par le Pérou en 1986).

LES SPÉCIFICATIONS DES PROTOTYPES MIRAGE 2000 N 01 ET MIRAGE 2000 N 02

Contrairement au Mirage 2000 B dont les postes d'équipage avant et arrière étaient similaires, le Mirage 2000 N 01 avait été conçu avec un aménagement spécifique du poste d'équipage pour un pilote et pour un navigateur (plus tard dénommé NOSA, Navigateur Officier Système d'Armes, puis OSA, Officier Système d'Armes), que rendait nécessaire la complexité de la pénétration à très grande vitesse à très basse altitude réclamant une absolue précision de navigation, de gestion des systèmes d'armes, de guerre électronique et de mise en œuvre de l'arme nucléaire obligatoirement confiée à deux personnes.

Par cohérence, le Mirage 2000 N 01 devait rester le plus proche possible du Mirage 2000 B de série en conservant notamment :
✓ La voilure.
✓ Le caisson de dérive et du gouvernail.
✓ Le fuselage central.
✓ Les corps latéraux et l'ensemble d'alimentation en air du réacteur.
✓ Le train d'atterrissage et les freins.
✓ Le pare-brise et les verrières.
✓ Les circuits carburant et hydraulique.
✓ La génération électrique.
✓ La génération du conditionnement d'air.
✓ L'installation d'oxygène.
✓ Les emplacements des points d'emport sous voilure, répondant aux mêmes contraintes mécaniques.
✓ Le fuselage arrière (à l'exception d'une modification pour le montage du brouilleur spécifique au Mirage 2000 N).

Le développement et la mise au point du programme requéraient deux prototypes propulsés par un moteur SNECMA M 53-5, et s'appuyèrent sur des avions de servitudes du CEV (Centre d'Essais en Vol) Mystère 20 et Vautour II pour des essais parallèles d'équipements. Aux AMD-BA, la Direction des Essais en Vol confia à Michel Porta (pilote) et à Bruno Coiffet (navigateur) le développement des prototypes :

Le Mirage III V 02 à Istres avant un vol d'essais, trappes des entrées d'air des huit moteurs de sustentation Rolls Royce RB 162 ouvertes. L'avion était placé sur une grille permettant l'évacuation des gaz des réacteurs de sustentation, retenu par une chaîne favorisant l'accumulation d'énergie au décollage par compression des amortisseurs des trains d'atterrissage.
(Dassault Aviation)

Mirage 2000N-01

Le **Mirage 2000 N 01**, pour la mise au point de l'avion, l'ouverture du domaine de vol sans radar (avec un radôme de nez métallique), puis avec radar pour la validation des performances, les essais avec charges dans le domaine de vol et de largage du missile ASMP (des essais préliminaires d'ouverture du domaine de vol ASMP avaient été réalisés avec le Mirage 2000 B 01 entre avril 1980 et juin 1982), le premier vol avec le tir d'une maquette d'ASMP ayant eu lieu au 34e vol à partir de Cazaux et le premier vol avec le radar Thomson CSF EMD Antilope V TC fin 1983.

Le Mirage 2000 N devait initialement emporter des réservoirs pendulaires RP 30 de 1 700 l type Mirage III/Mirage 5, abandonnés au profit d'une capacité augmentée à 2 000 litres. Deux types furent testés : un réservoir cylindrique droit et un réservoir avec un renflement avant qui fut retenu grâce à sa moindre longueur et à sa meilleure tenue aérodynamique. Le développement du Mirage 2000 N nécessitait une très complexe mise au point du système de suivi de terrain avec le radar Thomson CSF EMD Antilope V TC conjointe au développement du SNA, qui allait se faire en trois étapes : une phase de configuration primaire pour les premiers vols, une phase de configuration de tout le système et une phase de configuration opérationnelle pour les vols suivants.

Le Mirage 2000 N 01 effectua son vol inaugural le 3 février 1983 à Istres avec Michel Porta aux commandes et fit 615 vols jusqu'au 2 mars 1990, avant d'être transformé en prototype Mirage 2000 N'01, rapidement redésigné Mirage 2000 D 01, D pour « Diversifié », (premier vol le 19 février 1991 à Istres, avec Dominique Chenevier, pilote et Bruno Coiffet, navigateur).

Ci-contre, de haut en bas.
Pendant l'un de ses premiers vols, comme en témoignait sa couleur métallique, le Mirage 2000 N 01 lors d'un passage à la tour d'Istres. *(Dassault Aviation)*

Passage à la tour d'Istres du Mirage 2000 B 01 dépourvu de radar, configuré avec une maquette du missile ASMP. *(Dassault Aviation)*

Le Mirage 2000 N 01 à Istres, configuré avec une maquette de missile ASMP, des réservoirs pendulaires de 1 700 l et des maquettes de missiles Magic 2.
(Dassault Aviation)

Au roulage à Cazaux avant un vol d'essais, le Mirage 2000 B 01, qui avait été pourvu d'un radar Thomson CSF RDM (Radar Doppler Multimodes) en 1981, configuré avec une maquette de missile ASMP en point ventral, des réservoirs pendulaires RP 30 de 1 700 l et des maquettes de missiles MATRA Magic 2. *(Dassault Aviation)*

Mirage 2000N 02

Le **Mirage 2000 N 02**, pourvu de la totalité des équipements d'avionique pour la mise au point du système de navigation, la mise au point du système de détection/brouillage, l'intégration et la mise au point du système de contre-mesures MATRA SPIRALE (Système de Protection Infrarouge et Radar avec Alerte et LEurrage), ainsi que l'alignement et le tir du missile ASMP. Le Mirage 2000 N 02 comportait plusieurs différences avec le Mirage 2000 N 01 :

✓ La suppression de la structure du caisson fixe de bord d'attaque,
✓ Le renforcement des attaches de charges externes au point 1 sous voilure permettant l'emport de réservoirs pendulaires de 2 000 l.
✓ Des modifications améliorant la fonctionnalité pour le hissage du missile ASMP sous le fuselage,
✓ La structure arrière du fuselage pour l'intégration du système lance-leurres en paillettes MATRA SPIRALE,
✓ La définition définitive des entrées d'air et des souris fixes,
✓ La forme définitive des raccords Karman voilure-fuselage,
✓ L'allégement du système de câblages électriques.

Le Mirage 2000 N 02 effectua son premier vol le 21 septembre 1983 à Istres, piloté par Michel Porta. L'avion accomplit 493 vols jusqu'au 26 avril 1990, date de sa transformation en prototype Mirage 2000 N'02, rapidement redésigné Mirage 2000 D 02 (premier vol le 24 février 1992 à Istres avec Dominique Chenevier, pilote, et Michel Brunet, navigateur).

Les caractéristiques techniques des Mirage 2000 N 01 et Mirage 2000 N 02 étaient très similaires à celles du Mirage 2000 N de série.

Ci-dessous.
Le Mirage 2000 C n° 2 à Cazaux, au roulage avant un vol d'essai de tenue aérodynamique des réservoirs pendulaires de 2000 l, qui portaient des marquages permettant une meilleure visualisation de leur trajectoire lors de leur largage, et avec des maquettes de missiles Magic 2. *(Dassault Aviation)*

En haut.
Le Mirage 2000 N 01 à Istres, configuré avec une maquette de missile ASMP, des réservoirs pendulaires de 1 700 l et des maquettes de missiles Magic 2. *(Dassault Aviation)*

Ci-dessus.
Le Mirage 2000 B 01 lors d'un vol d'essais de largage d'une maquette de missile ASMP. *(Dassault Aviation)*

Ci-dessus.
À Cazaux, le Mirage 2000 N 02 configuré avec un réservoir ventral de 1 300 l et des maquettes de bombes BLG 66 Belouga aux points avant et arrière du fuselage.
(Dassault Aviation)

Ci-contre.
Passage à la tour d'Istres du Mirage 2000 N 02 emportant une maquette de missile ASMP, des réservoirs pendulaires de 2 000 l et des maquettes de Magic 2.
(Dassault Aviation)

Ci-dessous.
Le Mirage 2000 N 02 à Cazaux, configuré avec une maquette de missile ASMP, des réservoirs pendulaires de 2 000 l et des maquettes de missiles Magic 2.
(Dassault Aviation)

Le radar Thomson CSF EMD Antilope V TC dans une version initiale sur le Mirage 2000 N n°301 à Istres. *(Dassault Aviation)*

LES SPÉCIFICATIONS TECHNIQUES DU MIRAGE 2000 N

Le Mirage 2000 N était défini comme un avion de combat biplace — justifié par la complexité du système d'armes, par la pénétration à très basse altitude et par la double validation de l'équipage avant un tir d'arme nucléaire —, mono réacteur supersonique, ayant pour mission principale la navigation et la pénétration nucléaire tout temps à très basse altitude, avec en missions secondaires les missions d'attaque au sol avec des armements conventionnels et le combat rapproché avec missile air-air à auto directeur infrarouge.

LE FUSELAGE

Le fuselage du Mirage 2000 N comporte d'avant en arrière :
• Le radôme de nez de la pointe avant couvrant le radar Thomson CSF EMD Antilope V TC,
• À la partie inférieure, l'antenne omnidirectionnelle de détection de menaces Thomson CSF SERVAL (Système d'Écoute Radar et de Visualisation de l'ALerte) et l'antenne de détection de télécommande de missiles,
• La soute à équipements se prolongeant sous le plancher du poste pilote,
• Le poste d'équipage, avec un pare-brise monobloc et deux verrières indépendantes séparées par un bandeau vitré,
• Deux compartiments latéraux contenant à gauche une bouteille d'oxygène et à droite la batterie,
• Une soute inférieure recevant l'atterrisseur avant et des équipements électriques et de conditionnement,
• Les antennes TACAN (TACtical Air Navigation), du répondeur IFF, UHF et des deux radioaltimètres,
• Sur chaque côté du poste navigateur, une entrée d'air latérale demi-circulaire, équipée d'un noyau bi-conique mobile dénommé « souris » pour la régulation optimale en air du moteur selon la vitesse, l'incidence et l'altitude (lorsque le Mirage 2000 N fut limité à la vitesse jugée suffisante pour la pénétration de Mach 1,45, les souris devinrent fixes et leur moteur retiré, générant alors un gain de poids et une source d'entretien en moins). Les entrées d'air latérales sont spécifiques au réacteur SNECMA M 53-P2, les manches à air internes se rejoignant en une manche à air centrale,

CARACTÉRISTIQUES DU MIRAGE 2000 N

Longueur sans perche anémométrique : 14,55 m
Longueur avec perche anémométrique : 14,80 m
Envergure : 9,13 m
Hauteur : 5,14 m
Surface alaire : 41 m²
Dièdre : - 1°
Flèche au bord d'attaque de l'aile : 58°
Flèche au bord de fuite de l'aile : - 3°45
Flèche au bord d'attaque de la dérive : 53°30
Flèche au bord de fuite de la dérive : 13°
Voie des atterrisseurs : 3,50 m
Empattement : 5,0 m
Réacteur double flux statique SNECMA M53-P2 développant 6 560 kgp de poussée à sec et 9 700 kgp de poussée avec postcombustion
Capacité des réservoirs internes : 3 860 l répartis comme suit : un groupe avant de 1 140 l, un groupe nourrice de 1 420 l et un groupe voilures de 1 300 l (2 x 650 l).
Autonomie (avec ravitaillement en vol) : 10 heures.
Rayon d'action (avec réservoirs pendulaires de 2 000 l, sans ravitaillement en vol) : 2 000 km
Masse à vide : 7 738 kg
Capacité d'emport : 6 300 kg
Masse décollage normal : 16 500 kg
Masse maximale au décollage : 17 500 kg
Masse normale à l'atterrissage : 9 900 kg
Masse exceptionnelle à l'atterrissage : 12 300 kg
Facteurs de charge limites : + 9 G et – 4,5 G
Facteurs de charge extrêmes : +13,5 G et – 9 G
Vitesse maximale : Mach 2,2+
Vitesse minimale : 110 kt
Vitesse limite train d'atterrissage sorti : 280 kt
Vitesse limite de manœuvre du train d'atterrissage : 260 kt à la rentrée et 230 kt à la sortie.

1. L'antenne de détection de menaces Thomson CSF Serval d'un Mirage 2000 N et la petite antenne de détection de missiles télécommandés. *(H. Beaumont)*
2. L'entrée d'air latérale d'un Mirage 2000 N et la souris bi-conique fixe. *(H. Beaumont)*
3. L'intérieur du fuselage d'un Mirage 2000 N, avec les deux manches à air se rejoignant en une manche unique pour l'alimentation du réacteur SNECMA M53 P2. *(H. Beaumont)*
4. La pointe avant d'un Mirage 2000 N, avec le tube de Pitot, la partie noire en matériaux composites laissant passer les ondes du radar Antilope V TC et la perche de ravitaillement en vol. *(H. Beaumont)*

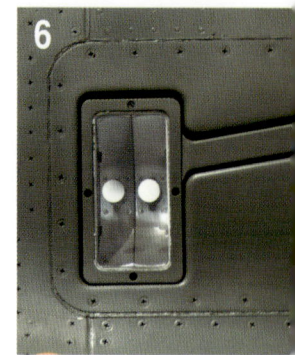

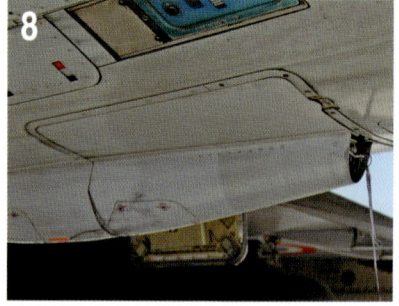

- Sur chaque manche à air, une aigrette à dièdre positif de 19° pour améliorer la stabilité latérale, une entrée d'air additionnelle supérieure et une entrée d'air additionnelle inférieure destinées à améliorer l'alimentation du moteur au point fixe et aux basses vitesses, une pelle à la partie inférieure optimisant l'alimentation en air du moteur à grande incidence.
- Sur le côté droit du fuselage, un phare de ravitaillement en vol,
- Des réservoirs structuraux,
- Une soute supérieure contenant des équipements électroniques,
- Une antenne du répondeur IFF,

5. La pelle droite optimisant l'alimentation en air aux grandes incidences. *(H. Beaumont)*
6. Le phare de ravitaillement en vol. *(H. Beaumont)*
7. Un démarreur Microturbo « Noëlle » 180 en cours d'entretien. *(H. Beaumont)*
8. Le système du parachute frein à l'arrière de la partie inférieure du fuselage. *(H. Beaumont)*
9. Le brouilleur Caméléon au-dessus de la tuyère. *(H. Beaumont)*
10. Le lance-cartouches Alkan 5062 à la partie inférieure droite du croupion d'un Mirage 2000 N. *(H. Beaumont)*
11. La partie arrière d'un Mirage 2000 N avec, sous la cocarde, le feu de vol en formation et les tubes du lance-paillettes Matra Spirale. *(H. Beaumont)*
12. Le lance-paillettes Matra Spirale. *(H. Beaumont)*

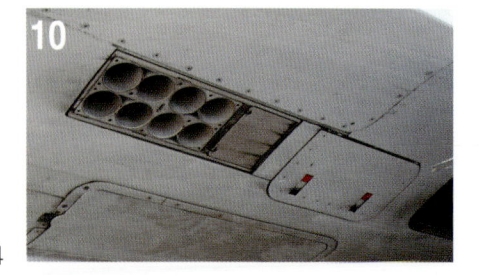

• Une tranchée inférieure recevant des équipements et le démarreur intégré Microturbo « Noëlle » 180 couplé au relais d'accessoires, dont la mise en route est possible avec la batterie de bord ou avec un groupe de parc,
   • Des soutes à équipements inférieures et les soutes du train principal,
   • Dans sa partie arrière, le fuselage intègre le réacteur, reçoit la dérive et accueille à l'inférieur la soute utilisée pour recevoir le système de crosse de freinage, pouvant être remplacée par le système du parachute frein cruciforme de 13,5 m², ou par le système lance-cartouches IR (Infra Rouge) conçu par l'Armée de l'Air.
   • Sur la partie supérieure du croupion, à la base arrière de la dérive, le brouilleur de menaces électromagnétiques ESD Caméléon.
   • Sur la partie inférieure du croupion, deux emplacements recevant chacun un lance-cartouches ALKAN LL 5062 contenant 8 cartouches IR, intégré dans le dispositif Matra SPIRALE.
   • À l'emplanture de chaque aile deux tubes lance paillettes du dispositif Matra SPIRALE.

LA VOILURE

Elle est constituée de :
   • Deux demi-voilures réalisées en structure intégrale, encastrées en position basse sur le fuselage, chacune se fixant par deux attaches principales, par une biellette au bord d'attaque, par une articulation au longeron avant, par une biellette à la soute arrière et par une articulation au longeron arrière.
   • Chaque demi-voilure comporte :
   ✔ un caisson principal en structure intégrale formant un réservoir et comportant le logement de la jambe d'atterrisseur principal,
   ✔ un bord d'attaque fixe avec les rails et les commandes des deux becs de bord d'attaque mobiles, commandés par des ensembles électrohydrauliques,
   ✔ un caisson entre le bord d'attaque et les aérofreins formant un réservoir,
   ✔ un aérofrein à l'intrados et un aérofrein à l'extrados de 0,2 m² de surface unitaire,
   ✔ deux élevons de bord de fuite (un élevon interne de 1,26 m² et un élevon externe de 1,77 m²) commandés chacun par deux servocommandes électrohydrauliques, permettant un débattement de + 16°/ − 25°,
   ✔ un détecteur de menaces Thomson CSF Serval en saumon de voilure.

13. La partie avant du bord d'attaque mobile d'un Mirage 2000 N. *(H. Beaumont)*
14. La partie arrière du bord d'attaque mobile d'un Mirage 2000 N. *(H. Beaumont)*
15. L'aérofrein d'extrados d'un Mirage 2000 N. *(H. Beaumont)*
16. L'aérofrein d'intrados d'un Mirage 2000 N. *(H. Beaumont)*
17. Les élevons de l'aile gauche d'un Mirage 200N en position de débattement maximal lors d'un entretien de routine. *(H. Beaumont)*
18. Le détecteur de menaces Serval de saumon de voilure et les élevons côté gauche du Mirage 2000 N n° 354. *(H. Beaumont)*

LA DÉRIVE

Elle est fixée au fuselage par deux encastrements principaux et comporte le gouvernail de direction (ou « drapeau ») qui est actionné par une commande située dans le fuselage à hauteur de la nervure d'emplanture de dérive autorisant un débattement de +/− 25°. À la partie supérieure avant se situe le détecteur ESD Caméléon, à la partie supérieure arrière le détecteur de secteur arrière Thomson CSF Serval et en haut de dérive des antennes V/UHF et VOR-ILS.

LES COMMANDES DE VOL

Les CDVE (Commandes De Vol Électriques) sont actionnées par le pilote par le déplacement du manche et du palonnier et sont également présentes au poste navigateur. Les CDVE dirigent l'avion par le débattement des élevons pour le tangage et le roulis et par celui du gouvernail pour le lacet. Les liaisons des commandes vol sont totalement électriques.

Chaque gouverne (quatre élevons et le gouvernail) est commandée par deux servocommandes électrohydrauliques à deux circuits.

Le système des commandes de vol comprend cinq chaînes (dont la cinquième chaîne d'ultime secours) pour le débattement des élevons et en quadruple chaîne (dont la chaîne d'ultime secours) pour le gouvernail et intègre les données des capteurs gyrométriques, accélérométriques et d'incidence.

Des dispositifs électroniques d'aide au pilotage commandent les souris et le braquage des becs de bord d'attaque dans un domaine limité en vitesse et en incidence.

19. La dérive du Mirage 2000 N n° 324 avec, à l'avant, le détecteur ESD Caméléon et à l'arrière le détecteur de menaces Thomson CSF Serval. *(H. Beaumont)*
20. Le train auxiliaire du Mirage 2000 N n° 373. *(H. Beaumont)*
21. Vu de l'avant, le train principal gauche et son vérin hydraulique. *(H. Beaumont)*
22. La trappe du train auxiliaire. *(H. Beaumont)*
23. Les trappes ouvertes du train principal. *(H. Beaumont)*

LES ATTERRISSEURS

Le Mirage 2000 N est équipé d'un train tricycle constitué :

✔ À l'avant, d'un train auxiliaire à diabolo, se rétractant vers l'arrière par un vérin hydraulique, équipé d'une commande de direction. Dans sa partie inférieure, le train est équipé de deux phares à double filament, deux demi-phares étant utilisés pour le roulage et les quatre demi-phares pour l'atterrissage.

À l'arrière, de deux atterrisseurs principaux mono roue articulés par un vérin hydraulique dans la voilure, les jambes se rétractant vers le fuselage dans l'épaisseur de chaque voilure, les roues à plat dans le fuselage.

✔ Les roues du train principal sont équipées de disques au carbone et de freins hydrauliques.

✔ Les logements des trains sont fermés en vol et au sol par des trappes actionnées hydrauliquement, dont les vérins sont alimentés par deux circuits indépendants.

LE RÉACTEUR SNECMA M 53-P2

Ci-dessus, à gauche.
Le moteur SNECMA M53-2. *(SNECMA)*

Ci-dessus, à droite.
Le moteur SNECMA M53-5. *(SNECMA)*

Le développement par la SNECMA d'un réacteur expérimental succédant à la famille des ATAR 9 fut décidé en août 1968. Ce réacteur de nouvelle génération désigné M 53 (M pour « Moteur »), permettrait d'intégrer les nouvelles avancées technologiques en matière de compresseurs, de chambres de combustion, de turbines, de réchauffe et d'utilisation de nouveaux matériaux. En 1973, il était prévu que le réacteur M 53 motoriserait le Mirage F1 E (E pour « Europe ») et le Mirage G 8, programmes finalement abandonnés. Malgré cela, le développement fut poursuivi, la version M 53-2 fut homologuée en 1976, suivie en 1979 par la version M 53-5 à la puissance augmentée qui équipa les premiers Mirage 2000 à partir de novembre 1982.

La même année débutèrent les essais de la version M 53-P2, plus puissante de 10 %, homologuée en 1981, qui allait équiper d'origine tous les Mirage 2000 à partir de 1984.

Le réacteur est de type mono-corps, double flux, à conception modulaire de 12 modules interchangeables facilitant la maintenance, avec d'avant en arrière :
- l'adaptateur à la manche à air centrale de l'avion,
- le compresseur basse pression à trois étages,
- le carter principal équipé,
- le compresseur haute pression à cinq étages,
- la chambre de combustion annulaire,
- le distributeur de turbine,
- la turbine bi-étage refroidie (turbine haute pression à un étage et turbine basse pression à un étage),
- le carter d'échappement,
- le diffuseur de postcombustion de type annulaire,
- le canal de postcombustion,
- la tuyère divergente d'éjection composée de 16 volets à section variable (actionnés par des vérins utilisant la pression du pétrole),
- le calculateur électronique de régulation.

Ci-dessus, à droite.
Le moteur SNECMA M53 P2. *(SNECMA)*

Ci-contre.
Le diffuseur de post-combustion d'un moteur M53-P2 et les chemises thermiques du canal de postcombustion. *(H. Beaumont)*

CARACTÉRISTIQUES

Poussée : 6 560 kgp à sec et 9 700 kgp avec postcombustion
Masse : 1 515 kg
Diamètre d'entrée : 0,81 m
Longueur : 5 070 m
Vitesse de rotation : 10 600 tours/minute
Débit d'air : 94 kg/s
Taux de compression : 9,8
Taux de dilution : 0,36
Température d'entrée de turbine : 1 327 °C

Une prise de mouvement du réacteur est utilisée pour entraîner le relais d'accessoires au moyen d'un arbre de transmission (pour deux alternateurs, une pompe hydraulique et le groupe de démarrage).

Un démarreur Microturbo « Noëlle » 180 (petite turbine à deux étages avec des pelles mobiles de régulation de volume du double flux), est intégré à l'avion, un relais faisant la jonction avec la prise d'accessoires fixée au réacteur, qui entraîne le compresseur du réacteur pour la mise en route.

LE CIRCUIT CARBURANT

Tous les réservoirs du Mirage 2000 N sont structuraux et pressurisés avec une répartition en deux ensembles : gauche et droit pour une capacité totale de 3 860 l.

Les réservoirs sont répartis en : groupe avant de fuselage, la nourrice et les caissons de voilure.

Le circuit carburant permet le remplissage et l'utilisation des réservoirs pendulaires largables sous voilure de 2 000 l et du réservoir largable ventral de 1 300 l (qui n'en contient effectivement que 1 260 l).

Le ravitaillement en vol est assuré à l'aide d'une perche de ravitaillement en vol non escamotable mais amovible, fixée sur le côté droit à l'avant du fuselage.

Des dispositifs de vidange et de purge sont répartis sous le fuselage.

L'alimentation en vol inversé est assurée par des semi-nourrices situées dans chacune des nourrices principales et qui permettent un vol inversé plein gaz pendant 15 secondes.

LE CIRCUIT HYDRAULIQUE

Il est constitué de deux circuits indépendants ayant chacun leur propre génération : réservoir auto pressurisé, pompe hydraulique auto régulatrice, filtres et clapets de surpression. En parallèle, une génération de secours est montée sur le second circuit avec une électro pompe et un accumulateur.

Les deux circuits permettent : le mouvement des servocommandes, l'activation de la chaîne de commandes de vol, la commande des trains d'atterrissage, les freins (normaux, de secours et de parc), les aérofreins, les becs de bord d'attaque et les pelles d'entrées d'air.

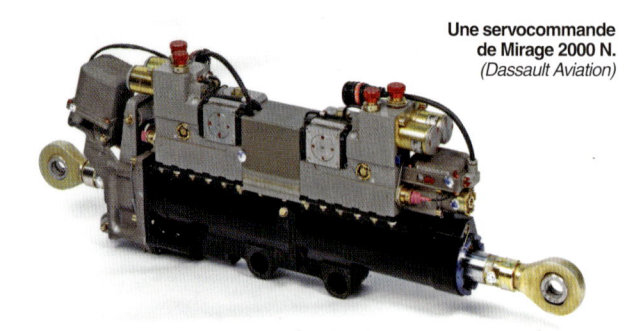

Une servocommande de Mirage 2000 N.
(Dassault Aviation)

LE CIRCUIT ÉLECTRIQUE

L'énergie électrique du Mirage 2000 N est produite par deux vario alternateurs refroidis par air, entraînés par le relais d'accessoires. Les deux alternateurs permettent : l'alimentation en courant alternatif et l'alimentation en courant continu des circuits de l'avion via un transfo redresseur.

LE CIRCUIT DE CONDITIONNEMENT

L'air prélevé du réacteur est dirigé vers un groupe de réfrigération constitué d'un pré refroidisseur, de deux échangeurs d'air, d'un turbo compresseur et d'un évaporateur.

L'air conditionné alimentant les postes pilote et navigateur, assure le refroidissement du radar, du brouilleur et des équipements de soute.

LES POSTES D'ÉQUIPAGE

L'oxygène est fourni par un convertisseur à oxygène liquide de cinq litres, qui alimente les régulateurs de chaque siège éjectable.

Le Mirage 2000 N est équipé de sièges éjectables Hispano Suiza/SEMMB (Société d'Exploitation des Matériels Martin Baker) Mk F10 Q (capacité « zéro-zéro » : éjection altitude 0, vitesse comprise entre 0 et 625 kt), réglables en hauteur électriquement. La commande d'éjection s'effectue avec une poignée basse, qui déclenche la fragilisation de la verrière, le rappel des jambes, la mise à feu du siège, l'ouverture du parachute de stabilisation, la séparation siège/pilote et l'ouverture du parachute du pilote. La commande d'éjection active l'IFF *(Identification Friend or Foe)* en mode secours et active l'alimentation d'oxygène de secours. Selon la sélection d'un séquenceur en place avant, l'éjection peut être commandée individuellement, ou l'éjection d'un membre d'équipage entraîne l'éjection de l'autre.

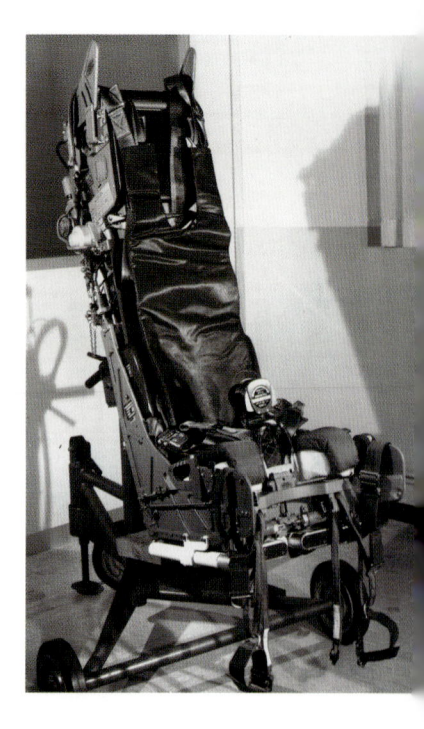

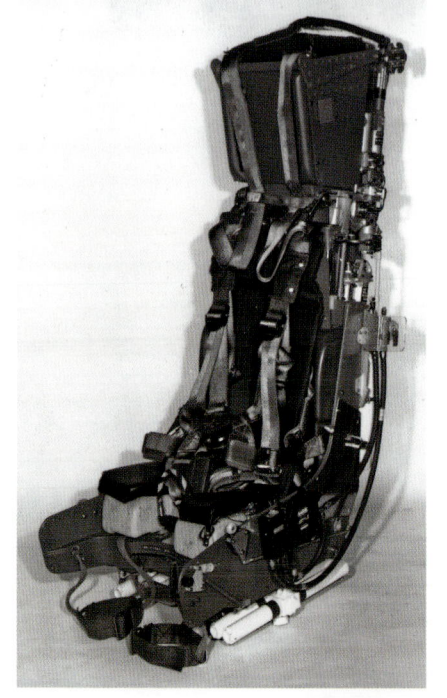

Ci-dessus.
Le siège éjectable Mk F10 Q du poste pilote. *(DR/collection H. Beaumont)*

Ci-contre.
Le siège éjectable Mk F10 Q du poste du navigateur. *(DR/collection H. Beaumont)*

Ci-dessus.
Les verrières ouvertes d'un Mirage 2000 N permettant de constater leur différence de taille. *(H. Beaumont)*

Les verrières basculantes sont en plexiglas de 9 mm d'épaisseur, leur étanchéité est assurée par des boudins gonflables. Chaque verrière est équipée d'un cordon explosif de fragilisation déclenché par la commande d'éjection, pour permettre au siège de passer au travers. La verrière du pilote (plus grande que celle du navigateur) est équipée d'un second cordon explosif pour en assurer le bris. En cas de défaillance de ce système, la structure haute du siège assure le bris de la verrière.

Chaque poste est équipé pour le pilotage de l'avion, les instruments de bord étant répartis sur une planche de bord en deux parties de part et d'autre du VTH (Viseur Tête Haute en place avant) et de deux banquettes latérales.

LE SYSTÈME DE NAVIGATION ET D'ARMEMENT (SNA)

Le SNA du Mirage 2000 N permet :
✔ La navigation autonome avec des recalages de position et d'altitude,
✔ La radio navigation,
✔ Le suivi de terrain automatique à très basse altitude tous temps,
✔ Le tir du missile ASMP,
✔ L'attaque à vue air-sol avec des armements conventionnels et l'autodéfense air-air.
✔ La détection de menaces radar et le brouillage d'autoprotection.
✔ La fonction de rassemblement.

Les équipements du SNA sont connectés les uns aux autres par deux calculateurs centraux qui recueillent les éléments donnés par :
✔ La centrale aérodynamique Crouzet type 90, les deux centrales à inertie SAGEM (Société d'Applications Générales d'Électricité et de Mécanique) Uliss 52, les deux radio-altimètres TRT AHV 12 (Télécommunications Radioélectriques et Téléphoniques), le poste de commande de navigation, l'interface tableaux de bord, le pilote automatique, le radar, les postes de commande armements.
✔ Les antennes VHF/UHF, VOR/ILS, les détecteurs de radar, TACAN, répondeur IFF, les brouilleurs, les radio-altimètres,
✔ Les capteurs de pression statique, de pression totale, de température, d'incidence et d'inclinaison.

LE RADAR THOMSON CSF EMD ANTILOPE V TC

Situé à l'avant du poste de pilotage, protégé par un radôme en matériaux composites pressurisé, le radar, refroidi au coolanol, comporte un système en double chaîne dont les capteurs inertiels et aérodynamiques, ainsi que les calculateurs, permettent les fonctions opérationnelles suivantes :
✔ La pénétration aveugle tout temps à Très Basse Altitude (TBA) en SDT (Suivi De Terrain) avec protection vis-à-vis des contre-mesures électromagnétiques et optiques, par :
✔ La détection du terrain dans le plan vertical à 12 km et dans les couloirs latéraux de la route suivie ;
✔ La visualisation de la cartographie radar de la zone survolée à 160° pour le recalage de la navigation avec un écran tête basse Thomson CSF ICARE (Indicateur CArtographie et Radar Électronique) ;
✔ La visualisation de cartes à l'échelle nécessaire pour le vol montrant la position de l'avion, élaborées avec le système DEFI (Dispositif d'Élaboration des Films ICARE), sous forme de films en boîtiers, à insérer dans un lecteur au poste navigateur ;
✔ Les recalages de navigation à vue, par corrélation d'image radar, par corrélation d'altitude,…
✔ Le pilotage automatique.
✔ La conduite de tir du missile ASMP, par l'alignement et la transmission des données pour le tir du missile.
✔ La conduite de tir des armements conventionnels air-sol,
✔ Le calcul et la conduite de tir pour le missile air-air MATRA Magic 2 à auto directeur infrarouge.
✔ La détection des émissions radar et les contre-mesures électroniques en bande large et en bande étroite,
✔ Le brouillage des émissions radar.

LES CONTRE-MESURES ÉLECTRONIQUES ET L'AUTOPROTECTION

L'ensemble du système d'autoprotection du Mirage 2000 N est adapté à la très basse altitude. Le système de contre-mesures est constitué d'un ensemble détecteur de radar Thomson CSF Serval assurant la localisation des menaces, leur analyse et leur classification. Lorsque l'avion est éclairé par un radar de conduite de tir ou de guidage d'un missile, le détecteur en informe le pilote du type de menace, de sa direction et de la force du signal reçu (plus il est fort, plus il est symbolisé près du centre).

Le détecteur brouilleur d'auto-protection ESD Caméléon assure l'identification des menaces telles que les systèmes de conduite de tir et de guidage électromagnétique ainsi que leur brouillage. Cette détection permet de déterminer le secteur d'où viennent les menaces et consécutivement l'émission des signaux de brouillage qui leur sont adaptées.

Le coffret de gestion de l'ensemble du système, le C3MN (Coffret de Compatibilité Contre Mesures version N) avec le radar Thomson CSF EMD Antilope V TC.

Le système MATRA SPIRALE, qui permet l'auto-protection et la détection de tir de missile, est composé d'un système de gestion global, de deux lance-cartouches sous le croupion, de deux lance-paillettes aux emplantures arrière des ailes et, depuis mi-2002 d'un DDM infrarouge (Détecteur de Départ Missiles) à l'arrière de chaque lance-missiles LM 2255 A pour MATRA Magic 2 (Missile Auto Guidé d'Interception et de Combat).

LES POINTS D'EMPORT DU MIRAGE 2000 N

Le Mirage 2000 N dispose de neuf points d'emports, dont les charges prévues à l'origine étaient :

Le Mirage 2000 N n° 307 de l'EC 2/4 « La Fayette » à basse altitude, configuré avec un réservoir ventral de 1 300 l de type Mirage III. (DR/collection H. Beaumont)

Au point central sous fuselage (masse maximale : 1 800 kg) :
✔ Réservoir pendulaire RP 629 de 1 300 l (type Mirage III), sous poutre CRP 401, transférable, pouvant être rempli sous pression, non ravitaillable en vol, largable uniquement vide,
✔ Réservoir pendulaire RPL 552 de 1 300 l (type Mirage 2000),
✔ Missile ASMP sous lance-missiles non largable,
✔ Bombes Anti Piste (BAP 100) par 9 ou par 18,
✔ Bombes d'Appui Tactique (BAT 120) par 9 ou par 18,
✔ Une bombe modulaire de 400 kg contenant trois modules freinés par parachute,
✔ Un lance-bombes d'exercice pour l'emport de bombes d'exercice,
✔ Une bombe guidée laser BGL (Bombe Guidée Laser) Matra de 1 000 kg ou une bombe GBU 24 (Guided Bomb Unit) de 2 000 lb (900 kg)
✔ Deux bombes guidées laser GBU 12 de 500 lb (450 kg) sous adaptateur bi-bombes AUF 2.

1. Réservoirs de 1 300 l de type Mirage 2000. *(H. Beaumont)*
2. Aux points de fuselage avant du prototype Mirage 2000-04, deux conteneurs canons AMD BA CC 421. *(Dassault Aviation)*
3. Une maquette de missile ASMP en point ventral sous un Mirage 2000 N. *(H. Beaumont)*
4. En point ventral sous un Mirage 2000 N, 18 bombes BAT 120 fixées à un adaptateur 30.6.M2. *(DR/collection H. Beaumont)*

5. En point ventral sous un Mirage 2000 N, un lance-bombes d'exercice Rafaut armé de quatre bombes d'exercice BB F4. *(H. Beaumont)*
6. Aux points de fuselage avant, deux bombes de 250 kg sous pylône. *(DR/collection H. Beaumont)*
7. Une bombe BLG 66 Belouga en point ventral sous un prototype du Mirage 2000 N. *(Dassault Aviation)*
8. Un réservoir pendulaire RP 541 de 2000 l. *(H. Beaumont)*
9. Au point 1 sous voilure, un lance-roquettes Matra LRF 4. *(DR/collection H. Beaumont)*
10. Un lance-missiles LM 2255 pour missile MATRA Magic 2. *(H. Beaumont)*

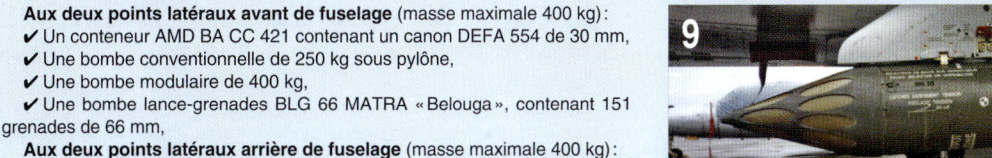

Aux deux points latéraux avant de fuselage (masse maximale 400 kg) :
✔ Un conteneur AMD BA CC 421 contenant un canon DEFA 554 de 30 mm,
✔ Une bombe conventionnelle de 250 kg sous pylône,
✔ Une bombe modulaire de 400 kg,
✔ Une bombe lance-grenades BLG 66 MATRA « Belouga », contenant 151 grenades de 66 mm,

Aux deux points latéraux arrière de fuselage (masse maximale 400 kg) :
✔ Une bombe conventionnelle de 250 kg sous pylône,
✔ Une bombe modulaire de 400 kg,
✔ Une bombe lance grenades BLG 66 MATRA « Belouga ».

Au point 1 sous voilure (masse maximale : 1 800 kg) :
✔ Un réservoir pendulaire RP 30 de 1 700 l (type Mirage III/5),
✔ Un réservoir pendulaire AMD-BA de 2000 l (RP 541 à gauche, RP 542 à droite) plaqué sous voilure, transférable, pouvant être rempli sous pression, largable, ravitaillable en vol,
✔ Un panier à roquettes MATRA LRF 4 (Lance-Roquettes type F 4) contenant 18 roquettes SNEB (Société Nouvelle des Établissements Brandt) de 68 mm,
✔ Une bombe conventionnelle de 250 kg ou de 400 kg,
✔ Une bombe à guidage laser Matra BGL de 1 000 kg,
✔ Une bombe modulaire de 400 kg,
✔ Une bombe lance grenades BLG 66 MATRA « Belouga ».

Au point 2 sous voilure (masse maximale : 300 kg) :
✔ Une poutre lance-missiles non largable LM 2255, pour le missile R 550 Magic 2,
✔ Un panier à roquettes MATRA LRF 4, contenant 18 roquettes SNEB de 68 mm.

Ci-contre.
Au point 1 sous voilure, une bombe BGL MATRA de 1000 Kg.

Ci-contre.
Le Mirage 2000 N n° 302 en configuration lisse et dépourvu de perche de ravitaillement en vol, au roulage à Bordeaux Mérignac pour un vol d'essais et de réception. *(Dassault Aviation)*

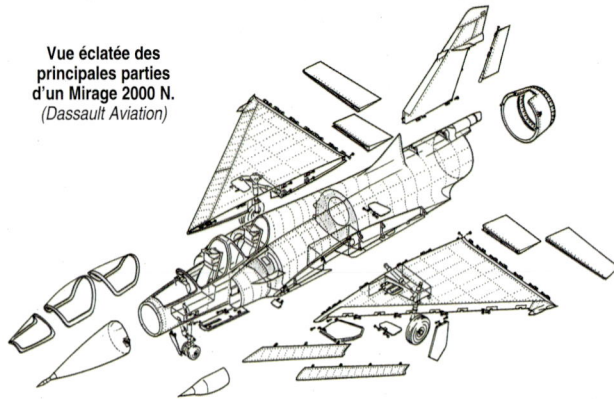

Vue éclatée des principales parties d'un Mirage 2000 N. *(Dassault Aviation)*

LA PRODUCTION EN SÉRIE DU MIRAGE 2000 N

Sur demande de l'État, la fabrication du Mirage 2000 N fut réalisée par les AMD-BA en qualité de maître d'œuvre, avec le support d'Aérospatiale qui fabriqua dans ses unités de Toulouse et de Méaulte le croupion et la partie de fuselage recevant la fixation des voilures, et à Nantes la dérive.

Aux AMD-BA, les différentes unités de production réalisèrent : à Argenteuil le fuselage, à Martignas les voilures, à Boulogne les bords d'attaque, à Saint-Cloud les entrées d'air, les aigrettes, le poste de pilotage et l'aménagement du fuselage, à Poitiers les verrières, à Seclin les éléments usinés de structure, à Biarritz la gouverne de direction et les élevons en matériaux composites, et enfin à Argonay et à Saint-Cloud les servocommandes et les éléments de commandes de vol.

La fabrication du Mirage 2000 N impliqua un grand nombre d'entreprises du secteur aéronautique français. Les principaux équipementiers du Mirage 2000 N comprenaient ainsi : Messier Hispano Bugatti pour le train d'atterrissage, la SNECMA pour le moteur, Thomson CSF et la SAGEM pour les équipements électroniques, ainsi que les entreprises : Crouzet, Elecma, Jaeger, Hispano Suiza/SEMMB, LMT, Sfena, Bronzavia, Labinal, Auxilec, Souriau, Ratier Figeac, Aerazur-EFA, Intertechnique, Secan, Alkan et Saint-Gobain Vitrages.

La commande initiale correspondant à la loi de programmation militaire pour la période 1984-1988 prévoyait 85 Mirage 2000 N et envisageait un complément de 27 avions. Au final, en prévision d'un futur achat de Mirage 2000 en version N' (N Prime) pour l'assaut conventionnel, 75 Mirage 2000 N furent commandés.

La production de série des éléments débuta à partir de juillet 1984, pour un assemblage final des avions réalisé à Bordeaux-Mérignac, planifié au rythme d'un Mirage 2000 N par mois. La première tranche des avions, du n° 301 au n° 331, était au standard Nk1, la seconde tranche des avions (n° 332 à 375) au standard Nk2, les avions de la première tranche étant portée à ce standard de 1998 à 1999 dans un programme spécifique.

Le premier vol du n° 301, avion de tête de série, eut lieu à l'usine AMD-BA de Bordeaux-Mérignac le 3 mars 1986 avec Dominique Chenevier (pilote) et Bruno Coiffet (navigateur) et fut utilisé pour le développement des standards Nk1 et Nk2. Les vols d'essais et de réception furent réalisés à Bordeaux-Mérignac, la première livraison eut lieu en janvier 1987 et les suivantes s'étalèrent jusqu'en 1992. La série des Mirage 2000 N fut numérotée de 301 à 375, les avions étant livrés sans perche de ravitaillement en vol (optionnelle), cette dernière étant montée ultérieurement en escadrons par les mécaniciens.

Ci-dessous.
Le Mirage 2000 N n° 301 à Istres, configuré pour des essais avec des maquettes de Magic 2, un réservoir pendulaire RP 541 de 2 000 l, un réservoir RPL 552 de 1 300 l en point ventral, un missile air sol AS 30 Laser sous voilure droite et une nacelle de désignation Thomson CSF ATLIS au point de fuselage avant droit. *(Dassault Aviation)*

MIRAGE 2000 N
Plan au 1/100 de Cyril DEFEVER

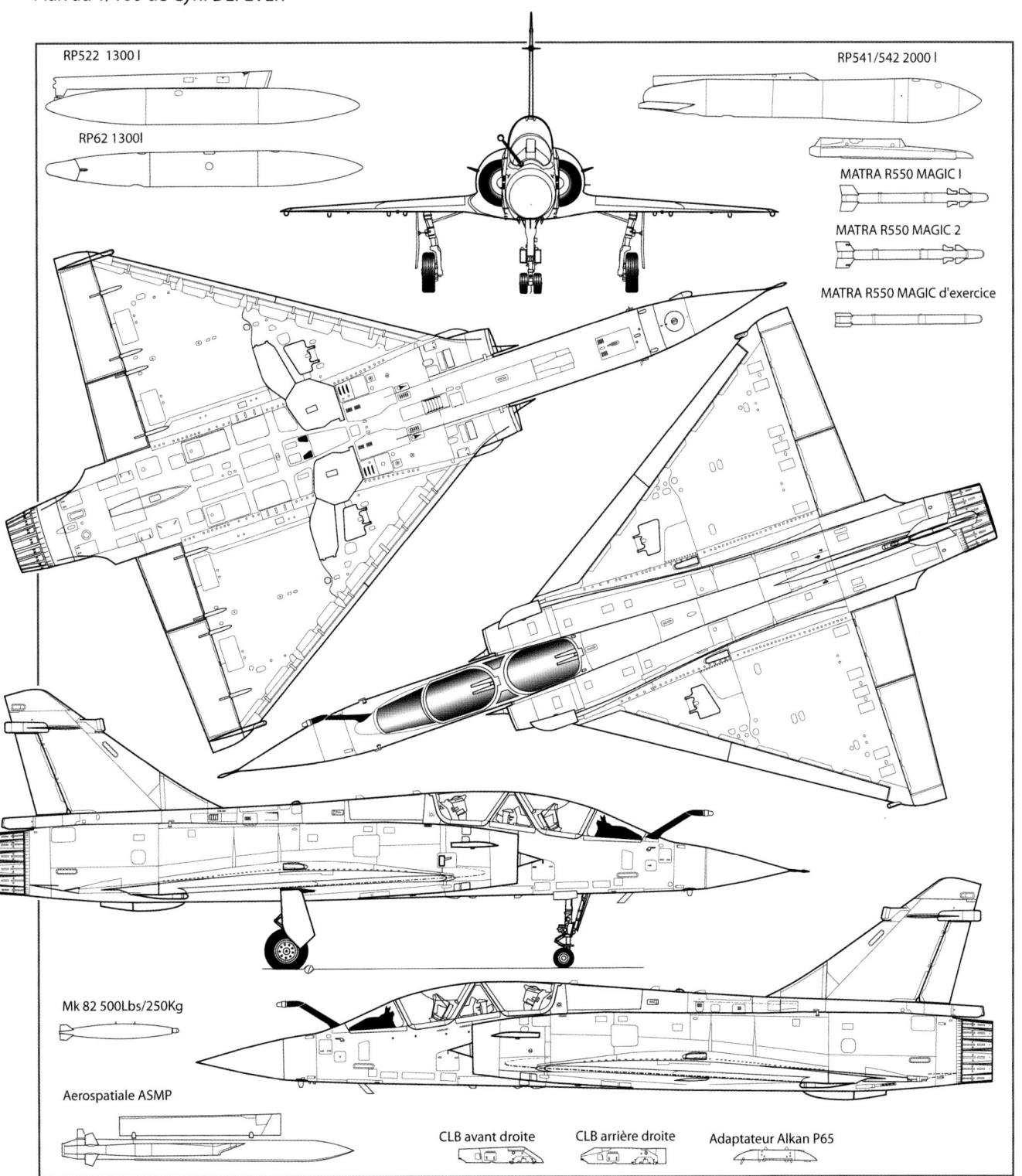

RP522 1300 l

RP62 1300 l

RP541/542 2000 l

MATRA R550 MAGIC I

MATRA R550 MAGIC 2

MATRA R550 MAGIC d'exercice

Mk 82 500Lbs/250Kg

Aerospatiale ASMP

CLB avant droite   CLB arrière droite   Adaptateur Alkan P65

UNE NOUVELLE ARME : LE MISSILE ASMP

Ci-dessus.
À Cazaux, les trois vecteurs aériens pilotés de l'ASMP configurés avec des maquettes du missile. De gauche à droite : le Mirage 2000 N n° 301, le Super Étendard n°30 et le Mirage IV P 01. (Dassault Aviation)

En juillet 1977, la fiche programme initiale requérait un missile tactique autonome, capable d'emporter une charge thermonucléaire, dont l'énergie nominale devait être modulable en énergie basse, ce qu'imposait son emploi tactique pour tenir compte des effets de l'arme. Une bombe thermonucléaire est fondée sur le principe de la fusion d'hydrogène (deutérium ou tritium) porté à des millions de degrés par une explosion atomique qui entraîne la fusion des noyaux d'hydrogène puis leur réaction en chaîne qui libère une énergie considérable.

Le missile devait pouvoir être tiré à distance de sécurité de l'objectif (tir en « stand off ») et ses dimensions devaient être compatibles pour l'emport éventuel sous les Mirage III E, les Jaguar A et les Mirage F1 C-200, soit une masse inférieure à 900 kg et un diamètre maximal de 40 cm, contraignant à la miniaturisation de l'ensemble de ses équipements.

Ainsi défini, le missile devait supporter les contraintes imposées par la contenance d'une charge thermonucléaire à très haute vitesse (échauffement cinétique proche de 350°) en assurant l'intégrité de ses équipements et de son système de propulsion, tout en préservant sa sûreté nucléaire. Le missile (structure, matériaux et équipements) devait pouvoir résister aux effets d'une explosion nucléaire, à ses effets électro magnétiques et radiatifs induits, ce que permit notamment une peinture spéciale appliquée sur l'engin.

Une nouvelle fiche programme, établie en 1980 par l'État-major, prescrivait un missile qui pourrait être emporté par les Mirage IV, les Mirage 2000 N et les Super Étendard.

Le missile défini devait être capable de suivre des trajectoires diversifiées selon le choix de tir :

✔ Une trajectoire à très grande vitesse à très basse altitude avec un suivi de terrain paramétré, intégrant la possibilité de points tournants, de modifications d'altitude et de modifications de vitesse.

✔ Une trajectoire à haute altitude à partir d'un point de tir en basse altitude, une croisière vers l'objectif à haute vitesse, puis un piqué vers l'objectif.

✔ Une trajectoire spécifique adaptée au tir sur mer.

Le SNA du Mirage 2000 N intégrant les données de mission de l'ASMP, donnerait au navigateur les éléments de navigation optimisant l'effet opérationnel recherché.

En parallèle au missile, il fallait aussi développer un pylône lance-missiles, ayant pour fonction de donner au missile une forte poussée vers le bas, afin de l'éloigner de l'avion avant sa mise à feu.

Le prototype Mirage F1 03 configuré avec une maquette de bombe nucléaire tactique AN 52. (Dassault Aviation via M. Liébert)

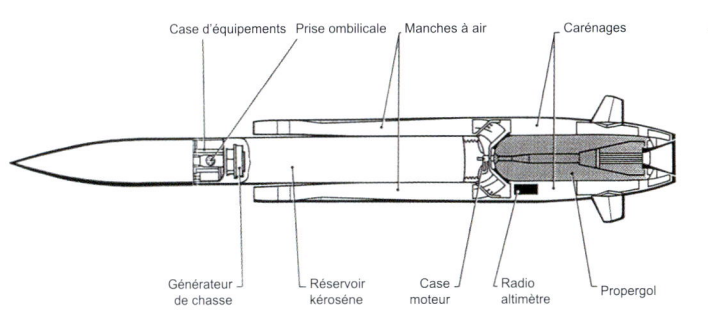

Ci-dessus.
Le plan du missile ASMP en coupe. *(DR/collection H. Beaumont)*

Ci-dessus, à droite.
Le plan du lance-missiles LM 770 en coupe. *(DR/collection H. Beaumont)*

Ci-dessous.
Une maquette de missile ASMP en essais de soufflerie à l'ONERA.
(DR/collection H. Beaumont)

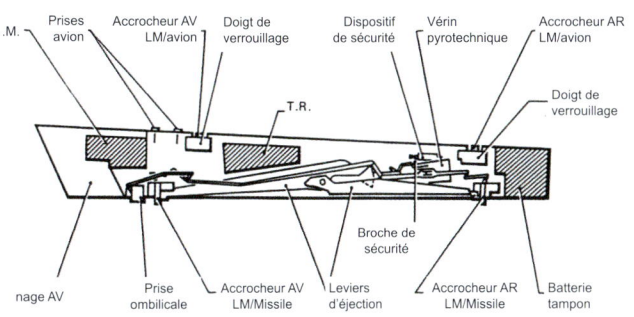

LES SPÉCIFICATIONS TECHNIQUES DU MISSILE ASMP

Sous la direction de l'EMA (État Major des Armées), de la DGA (Direction Générale de l'Armement), de l'EMAA (État Major de l'Armée de l'Air), de la DTCA (Direction Technique des Constructions Aéronautiques) et de la DEN (Direction des Engins), l'ASMP fut développé conjointement par la DME (Direction des Missiles et de l'Espace) et par le CEA (Commissariat à l'Énergie Atomique) pour la tête thermonucléaire TN ASMP (Tête Nucléaire) : TN 80 puis TN 81. L'Aérospatiale assurait la maîtrise d'œuvre et développa le missile dans son usine de Chatillon.

Le missile ASMP est un missile hypervéloce, très manœuvrant, à guidage par centrale à inertie et à navigation préprogrammée, qui intègre un système de navigation autonome lui permettant de se diriger vers l'objectif, dont le missile a mémorisé les coordonnées à partir de son point de largage (les coordonnées de ce point sont calculées par les centrales inertielles de l'avion largueur, qui les transmet à la centrale inertielle du missile lors du largage). Sa précision limite les dommages et sa létalité est maîtrisée par la hauteur de l'explosion déterminée. Le missile ASMP doit être stocké dans un conteneur pressurisé à 5/6 bars dans une atmosphère d'azote asséché.

Le missile pressurisé fut construit en aciers inox spéciaux et en titane, constitué d'avant en arrière par la partie avant contenant :

✔ Les équipements de guidage, de navigation et de contrôle, les éléments du boîtier du contrôle gouvernemental et l'ogive thermonucléaire miniaturisée,

et par la partie vecteur, composée d'avant en arrière de :

✔ La case à équipements protégée thermiquement, renfermant le répartiteur de liaisons électriques, le contacteur de largage et le bloc de guidage intégrant le calculateur, la centrale inertielle et le générateur de gaz de croisière,

✔ L'ensemble propulsif comprenant un réservoir hermétique de 160 litres de kérosène liquide (aucun pétrolier n'avait voulu fournir ce carburant enfermé, il fut donc produit dans des installations spécifiques par l'Aérospatiale, qui le traitait en purification pour que son vieillissement éliminât tout risque de développement de bactéries) ; ainsi qu'un générateur de chasse qui expulse le kérosène pour l'alimentation du statoréacteur.

✔ Un bloc de propergol solide (butalane) pour assurer la propulsion de l'accélérateur.

✔ Les équipements de mise en œuvre et de régulation du statoréacteur, d'un accélérateur intégré faisant office de chambre de combustion pour le statoréacteur et comportant un fond arrière muni de boulons explosifs et d'un cordon découpeur pour son éjection lors de la séquence de transition.

✔ Les entrées d'air (dont le profil était dérivé de celles du Concorde) et les manches à air latérales, obturées pendant le vol et pendant la phase d'accélération par des trappes d'entrée d'air. Leur ouverture se fait au début de la séquence de transition pour le vol de croisière, par la mise à feu des vérins des entrées d'air.

LES CARACTÉRISTIQUES DU MISSILE ASMP

Longueur totale : 5,38 m
Longueur de la tête : 1,505 m
Diamètre : 0,35 m
Envergure avec les entrées d'air latérales : 0,604 m
Envergure avec les gouvernes : 0,956 m
Masse totale : 840 kg
Masse de la partie avant : 200 kg
Masse du lance-missiles LM 770 : 190 kg
Vitesse : Mach 3+,
Portée en basse altitude : 80/100 + km,
Portée en haute altitude : 400/450 + km,
Charge militaire : TN 80 puis TN 81 (version modernisée à sécurité améliorée),
Puissance nominale TN 80/TN 81 : 300+ kilotonnes.

Ci-dessus.
Autocollant publicitaire de l'ASMP. *(Aérospatiale)*

✔ Une gouttière placée sous le corps du missile protégeant des câblages,

✔ Les carénages latéraux qui assurent 50 % de la portance du missile, intégrant les vérins électromécaniques de commande des gouvernes, le radioaltimètre et les batteries d'alimentation électrique, dont l'activation se fait par un dispositif pyrotechnique de mise en route.

✔ Les gouvernes en disposition cruciforme et une dérive stabilisatrice supérieure.

MATÉRIELS DE MISE EN ŒUVRE DE L'ASMP

En parallèle au missile, il fallait développer les matériels directement liés à sa mise en œuvre, notamment :

Le pylône lance-missiles :

La spécificité de l'ASMP nécessitait le développement d'un pylône lance-missiles LM 770 (commun pour Mirage IV P et Mirage 2000 N, et spécifique pour Super Étendard le LM 771), éjectant le missile vers le bas (5 m/s) par une forte impulsion de deux leviers d'éjection, pour le mettre à distance de sécurité de l'avion largueur au moment de la mise à feu de l'accélérateur. Le missile ASMP est fixé au lance-missiles par deux points d'accrochage. Le développement du lance-missiles posa de multiples difficultés, notamment pour la mise au point du niveau de serrage et de l'accrochage sous avion, nécessitant des calculs de rendements (avec une forte dispersion selon les paramètres de sécheresse, d'humidité et de quantité de graissage).

Le chariot de transport et de mise en œuvre :

Sa fonction est triple : permettre l'extraction du missile de son conteneur de stockage, assurer son transport, puis sa manipulation lors des phases d'accrochage et de décrochage sous avion.

Ci-dessous. **Plan du missile ASMP.** *(DR/Coll. H. Beaumont)*

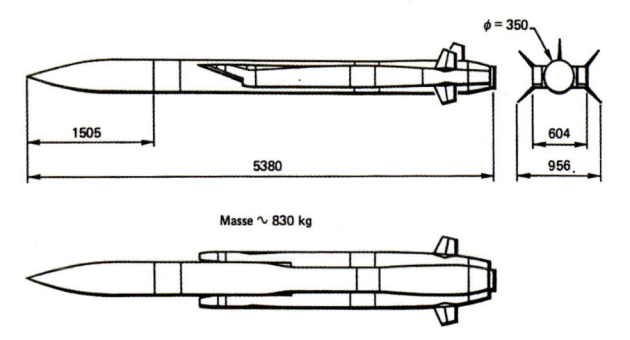

LES ESSAIS ET LE DÉVELOPPEMENT DU MISSILE ASMP

L'extrême complexité du missile justifia un programme de développement et d'essais très dense, poursuivi dans les domaines suivants.

✔ Le développement de la propulsion pour l'accélérateur et pour le statoréacteur, qui se déroula entre avril 1978 et janvier 1987, combinant les essais en soufflerie à l'ONERA (Office National d'Études et de Recherches Aérospatiales) à Palaiseau et à Modane, à l'Aérospatiale au Subdray (où se firent plus de 200 tirs dans une veine aérodynamique spéciale), à la SNPE (Société Nationale des Poudres et Explosifs) ainsi que les tirs de maquettes, notamment au CEL (Centre d'Essais des Landes) à Biscarosse.

Ces essais comprenaient des tests de protection et de comportement de la cellule lors de la combustion (certaines parties internes étant portées à des températures élevées, 300° pour la case à équipements, 3 500° pour la chambre du statoréacteur), d'aérodynamique externe pour la recherche de la traînée minimale, d'aérodynamique interne pour une alimentation en air optimisée du statoréacteur dans une chambre tourbillonnaire, où l'organisation des tourbillons doit assurer la fonction d'accroche flamme, de fonctionnement en incidences diverses ; des essais de tenue des matériaux et des essais de transition des séquences entre la phase d'accélération assurée par un bloc de propergol, des essais de fonctionnement et de propulsion avec le statoréacteur dans les plages du domaine de vol en basse, en moyenne et en haute altitude ; des essais de transition entre la fin de la combustion de l'accélérateur à poudre et la poussée du statoréacteur (largage de la tuyère, ouverture des entrées d'air, éjection des opercules protégeant les manches à air, alimentation en kérosène et combustion, en moins de 0,2 seconde).

✔ Le développement de la cellule et du système d'arme du missile pour son guidage par une centrale à inertie miniaturisée comportant deux gyroscopes et trois accéléromètres, un calculateur numérique assurant la navigation, le guidage, le pilotage, la régulation du statoréacteur et pour son pilotage, le dialogue entre le Mirage 2000 N et l'ASMP, notamment l'alignement de la plateforme gyroscopique du missile sur celle du Mirage 2000 N.

✔ Le développement pour emport sous avion répondant aux contraintes de séparation franche de l'ASMP avec l'avion, d'accélération du missile sans que ses gaz ne perturbent l'alimentation en air de l'avion et d'enclenchement de son pilotage avec une perte d'altitude minimisée par rapport à l'avion. Le lance-missiles ASMP était identique pour le Mirage IV P et pour le Mirage 2000 N, sa mise au point dura de 1980 à fin 1981, puis fut adapté sous Mirage 2000 N en 1983.

✔ Les essais en vol (le largage consistait en une éjection du missile sans mise à feu tandis que le tir consistait en une éjection avec mise à feu) furent répartis entre les tirs de stade 1 (intermédiaire : basse et moyenne altitude) et de stade 2 (définitif : intégrant la haute altitude) comprirent sept tirs au sol de maquettes et 35 tirs en vol sous Mirage IV P, Mirage 2000 N et Super Étendard. Ces tirs, impliquant le CEV (Centre d'Essais en Vol) à Cazaux et le CEL furent répartis en tirs d'essais et de développement, en tirs de qualification du système et en tirs d'ETO (Évaluation Technico Opérationnelle). Un total de 10 tirs testant la variété des trajectoires de l'ASMP furent réalisés sous Mirage 2000 N.

Dans les conditions de la mise en œuvre opérationnelle sur base pour la validation de l'ensemble des procédures, les tirs ETO sous

Ci-dessus.
À Cazaux, avant un essai de largage d'une maquette du missile ASMP sous le Mirage 2000 B 01. *(Dassault Aviation)*

Ci-dessus, à droite.
Une maquette de missile ASMP sous le Mirage 2000 N 01. À noter l'ouverture dans le réservoir pendulaire gauche destinée à l'objectif d'une caméra pour filmer la trajectoire du missile lors de son largage. *(Dassault Aviation)*

Mirage 2000 N eurent lieu : mi 1987 (1 tir de stade 1), puis de fin 1987 à fin 1988 (4 tirs de stade 2).

La DAM (Direction des Applications Militaires) du CEA, eut la responsabilité de la mise au point de la charge thermonucléaire correspondant à celle de l'ASMP, qui fit l'objet de 8 expérimentations entre 1974 et 1981.

Sous le contrôle des entités maître d'œuvre, ces essais aboutirent à la validation du système d'armes et impliquèrent notamment : l'ONERA, la SNPE (Société Nationale des Poudres et Explosifs), la SAGEM et l'ESD (Électronique Serge Dassault).

La production des missiles ASMP fut réalisée à l'Aérospatiale sur ses sites de Châtillon et de Bourges, la production des têtes thermonucléaires de série à Valduc, le premier missile étant livré fin août 1985. Il est communément estimé qu'environ 90 missiles ASMP et 60 TN 81 furent produits.

LA SÉQUENCE DE TIR DE L'ASMP

Au cours d'une phase de tir d'ASMP, la répartition des tâches entre le pilote et le navigateur est la suivante : le navigateur a pour mission l'entrée du code gouvernemental qui permettrait l'activation du missile et de sa charge nucléaire, le lancement pendant le vol de la séquence d'activation et d'alignement du missile, puis de mise en route de son système de navigation, le contrôle des recalages et des paramètres de vol, puis la gestion de l'entrée dans le domaine de tir. Le pilote assure le vol en suivi de terrain, la gestion des menaces, arme la fonction de tir du missile et après validation du navigateur exécute le tir du missile qui se fait à une vitesse supérieure à 500 kt. Dès lors s'enchaînent les séquences suivantes :

✔ **Phase 1 :** à 0 seconde dès le tir déclenché, le lance-missiles expulse le missile vers le bas et 1,2 seconde après, l'accélérateur est mis à feu pour atteindre la vitesse de Mach 2,

✔ **Phase 2 :** à + 1,6 seconde, le réservoir de kérosène est conditionné et le missile est autonome en pilotage,

✔ **Phase 3 :** à + 5,9 secondes, les trappes des entrées d'air du statoréacteur s'ouvrent, la partie arrière du missile est éjectée et les allumeurs du statoréacteur sont mis à feu,

✔ **Phase 4 :** à + 6 secondes, l'ASMP entame son vol de croisière.

Ci-dessous, à gauche.
Au large du CEL de Biscarosse, le Mirage IV P 02 venant de larguer une maquette du missile ASMP qui venait d'entamer sa phase d'accélération. *(Dassault Aviation)*

Ci-dessous, à droite.
Sous le Mirage 2000 N 01, une maquette du missile ASMP peinte en couleurs vives et portant des repères noir et blanc, permettant une meilleure visualisation sur les images faites lors de son futur largage. *(Dassault Aviation)*

27

Ci-contre.
Le Super Étendard N°26 participa aux essais d'emport du missile ASMP accroché sous un lance-missiles spécifique sous voilure droite. Il était configuré avec un réservoir pendulaire de 1 100 l sous voilure gauche, une nacelle Douglas modifiée pour l'emport de caméras en point ventral et un lance-leurres MATRA Phimat sous l'aile droite.
(Dassault Aviation)

Au dessous.
Autocollant publicitaire de l'ASMP.
(Aérospatiale)

L'ADAPTATION DES INFRASTRUCTURES AU MISSILE ASMP

En 1964, pour la mise en œuvre opérationnelle des armes nucléaires ANM 11 des Mirage IV A, les autorités avaient créé à proximité des unités les DAMS, constructions spécifiques hautement protégées et sécurisées, pour le stockage, pour la maintenance et pour la mise en œuvre d'armes nucléaires. Chaque version nouvelle d'arme nucléaire (ANM 11, ANM 21, puis ANM 22 et AN 52) avait contraint à l'adaptation de ces dépôts. Pour le missile ASMP, la nature nouvelle de l'arme a nécessité une évolution importante des personnels et des infrastructures des DAMS pour intégrer ses spécificités techniques et physiques, notamment les contraintes des éléments de propulsion, celles de la tête thermonucléaire, ainsi que le stockage de la partie vecteur et de la partie tête nucléaire.

En effet, contrairement aux armes à gravitation, dont les différentes parties (notamment le cœur) devaient être assemblées, l'ASMP est constituée de deux modules : le vecteur et la tête thermonucléaire. La transformation des DAMS-ASMP fut réalisée sous la direction de la DIA (Direction de l'Infrastructure de l'Air) et du SSBA (Service Spécial des Bases Aériennes), à laquelle furent adaptées en parallèle les normes de SN (Sécurité Nucléaire).

Le contrat opérationnel de posture nucléaire impose qu'un certain nombre d'ASMP assemblés, dits « missile en coup complet », soient immédiatement disponibles en toutes circonstances. Ainsi, les DAMS-ASMP, ayant la capacité de résistance aux armements air-sol et répondant aux normes de sûreté nucléaire, doivent assurer les fonctions de stockage et d'entretien des têtes et des vecteurs, leur assemblage/démontage et leur transport jusqu'à la zone d'accrochage/décrochage sous avion. Conformément aux exigences du contrôle gouvernemental des armes nucléaires, un GSAN (Gendarme de la Sécurité de l'Armement Nucléaire) est systématiquement présent au côté d'une arme nucléaire, 24 h sur 24, 365 jours sur 365.

Le premier DAMS-ASMP fut mis en service à Mont de Marsan début 1986, suivi jusqu'à fin 1988 par ceux de Cazaux, d'Orange, d'Istres, de Luxeuil, d'Avord et de Saint Dizier.

LE MIRAGE 2000 N' (N PRIME)

En complément à la commande de 75 Mirage 2000 N répartis en trois escadrons, l'État-major souhaitait un avion capable de pourvoir au remplacement de la flotte vieillissante des avions de la FATac, composée de Mirage III E, de Mirage 5F et de Jaguar A. Le ministre de la Défense lança en décembre 1988 un programme désigné Mirage 2000 N', avion directement dérivé du Mirage 2000 N, avec une prévision de commande initiale de 70 unités, soit l'équipement de trois escadrons.

Le Mirage 2000 N' était défini comme un avion biplace d'attaque

Le Mirage 2000 N n° 314 portant la dénomination « Mirage 2000 S » à l'avant, au roulage lors du salon du Bourget en 1989. L'avion était configuré avec des maquettes de Magic 2 et de missile AS 30 Laser, une nacelle Thomson CSF ATLIS au point avant de fuselage et un réservoir pendulaire ventral RP 552 de 1 300 l.
(J.L. Brunet)

Ci-dessus.
Le Mirage 2000 N portant la dénomination « Mirage 2000 D » à l'avant du fuselage et l'insigne de l'EC 3/4 « Limousin » sur sa dérive au roulage lors du salon du Bourget de 1991. Il était configuré avec des maquettes de missiles Magic 2, un réservoir pendulaire ventral RP 552 de 1 300 l, des missiles AS 30 Laser et une nacelle Thomson CSF ATLIS au point avant de fuselage. *(J.L. Brunet)*

Ci-dessous.
Le Mirage 2000 N portant la dénomination « Mirage 2000 D » à l'avant et l'insigne de l'escadrille N 124 de l'EC 2/4 « La Fayette » sur sa dérive, présenté lors du salon du Bourget 1993. Il était configuré avec des maquettes de missile Magic 2, des maquettes de missile AS 30 Laser, une nacelle Thomson ATLIS au point avant de fuselage et un réservoir pendulaire RP 552 de 1 300 l. *(B. Lestrade)*

au sol tous temps avec des armements conventionnels et des armements guidés laser, ayant la capacité d'emport du missile air sol MATRA Aérospatiale APACHE (Arme Propulsée A CHarge Éjectable) pour le tir à distance d'une charge militaire composée de sous-munitions. Le Mirage 2000 N' pourrait aussi emporter des nacelles de désignation laser : ATLIS (Auto pointeur Télévision Laser Illumination Sol), Thomson CSF PDLCT (Pod de Désignation Laser Caméra Thermique), PDLCT-S (Synergie) ou PDLTV (TéléVision). Dans sa définition initiale, le Mirage 2000 N' devait avoir la capacité d'emport et de tir du missile ASMP.

Les principales différences prévues avec le Mirage 2000 N étaient :

✔ Le radôme de nez ne comportant pas de perche anémométrique, mais des sondes pariétales (pour améliorer le fonctionnement du radar),

✔ Les modifications d'instrumentation au poste pilote et au poste navigateur,

✔ De nouveaux équipements pour le SNA, dont un GPS hybridé au SNA et aux centrales inertielles, entraînant des modifications de leurs supports en soutes,

✔ Les modifications d'implantations d'antennes et l'ajout d'une antenne GPS,

✔ Les renforcements locaux de la structure principale en prévision d'un accroissement des masses des emports,

Présenté lors du Salon du Bourget de 1993, le Mirage 2000 N portant l'insigne de la SPA 160 sur sa dérive, vu du côté gauche. *(DR/collection H. Beaumont)*

✔ L'amélioration des systèmes de contre mesures électroniques,
✔ L'intégration d'un lance-leurres (2 x 24 cartouches) sur la partie supérieure du fuselage en avant du pied de dérive.

Les missions du Mirage 2000 N' spécifiaient : l'attaque air sol d'objectifs de valeur (pistes aériennes, infrastructures militaires, télécommunications, ponts, sites industriels, voies de circulation,…), l'attaque de troupes au sol et l'appui aérien, les missions anti radar, les missions de reconnaissance optique, radar et électromagnétiques.

Ces missions nécessitant une pénétration à basse altitude, l'avion devait emporter un système de navigation très précis et le radar de suivi de terrain Thomson ESD (Électronique Serge Dassault en date de 1983) Antilope V TC.

Pour éviter une confusion avec le Mirage 2000 N, le Mirage 2000 N' prit en juin 1990 la désignation Mirage 2000 D et sa version export reçut la désignation Mirage 2000 S (S pour « Strike »).

Lors du Salon aéronautique du Bourget en 1989 le Mirage 2000 N n° 314 reçut en 1989 l'éphémère désignation « Mirage 2000 S » peinte sur l'avant du fuselage à la place du code avion. Lors d'autres salons en 1991 et en 1993 des Mirage 2000 N furent présentés comme « Mirage 2000 D », notamment les Mirage 2000 N n° 327 et n° 360.

La commande prévisionnelle fut portée à 105 avions en mai 1990, puis ramenée à 86 avions en 1996 (série des avions numérotée de 601 à 686).

LES STANDARDS DU MIRAGE 2000 N

Le Mirage 2000 N a fait l'objet au fil du temps d'améliorations en continu, qui ont reçu des désignations officieuses permettant leur différenciation lors des retours des avions en unités. Au fil des évolutions des standards, les avions furent mis au standard le plus récent en vigueur. Le « k » accolé aux évolutions correspond au nom de l'ingénieur de marque responsable du programme à la DGA. Son nom commençant par un « c », cette lettre fut changée en « k » pour éviter toute confusion avec le Mirage 2000 C.

Parmi ces standards on peut répertorier :

✔ **Mirage 2000 Nk1 N1 :** avions 301 à 306 à capacité de mission nucléaire ASMP limitée,

✔ **Mirage 2000 Nk1 N7 :** avions 307 à 319 uniquement aptes à la mission nucléaire ASMP, avec évolution des logiciels de suivi de terrain et de conduite de tir,

✔ **Mirage 2000 Nk1 N20 :** avions 320 à 331, évolution des logiciels de suivi de terrain, validation et intégration air sol pour la conduite de tir d'armements conventionnels,

✔ **Mirage 2000 Nk1 Air-Sol :** capacité complète d'armements air-sol,

✔ **Mirage 2000 Nk2 :** avions 332 à 375, capacité ASMP et capacité complète de tir d'armements air-sol conventionnels, évolution des CME,

✔ **Mirage 2000 Nk2 N32 :** avions 332 à 349, capacité ASMP, avec évolution des logiciels et évolution des CME,

✔ **Mirage 2000 Nk2 N50 :** avions 350 à 375, capacité ASMP et CME complètes,

✔ **Mirage 2000 Nk2-1C :** standard CME de base du Nk2 en prévision du standard Nk2-4C avec CME complètes,

✔ **Mirage 2000 Nk2-2C :** évolution des logiciels, modifications de câblages pour les Nk1 portés au standard Nk2.

✔ **Mirage 2000 Nk2-3C :** évolution des logiciels, câblages pour les LLE (Lance Leurres ECLAIR État 1),

✔ **Mirage 2000 Nk2-4C :** intégration du détecteur de départ missile, standard final des CME, intégration du LLE ECLAIR État 1 au SNA permettant une capacité augmentée (6x8), à la place du dispositif parachute, portant la capacité totale à 8x8.

✔ **Mirage 2000 Nk2 + (1993) :** évolution des logiciels de SDT et intégration du système commun à tous les avions de l'Armée de l'air « Have Quick » (après synchronisation entre différents avions d'une patrouille, permet le changement coordonné des fréquences des avions pour éviter leur brouillage), capacité de tir du missile ASMP,

✔ **Mirage 2000 Nk2 + (2008) :** modifications pour le standard Nk3, en conservant la capacité de tir ASMP, appareils portés ultérieurement au standard Nk3.

✔ **Mirage 2000 Nk3 :** standardisation lancée en juin 2003 pour l'intégration de la capacité de tir du missile ASMP-A, l'amélioration des protections IEM (Impulsions Electro Magnétiques pour l'avion, les câblages, et le missile), amélioration des capacités de guerre électronique et évolution des logiciels. Une cinquantaine d'avions devaient être transformés à ce standard, chiffre revu à la baisse sur décision des autorités.

Ci-contre.
Le Mirage 2000 n°362 configuré avec une maquette du missile ASMP-A et des réservoirs pendulaires de 2000 l.
(CFAS/Sirpa Air/ C. Amboise)

L'UTILISATION OPÉRATIONNELLE DU MIRAGE 2000 N

LES MISSIONS DU MIRAGE 2000 N

Les frappes nucléaires préstratégiques (objectifs tactiques militaires et de champs de bataille) et stratégiques aéroportées (objectifs agglomérations et infrastructures civiles), s'inscrivaient dans la politique de dissuasion nucléaire française. La mission de la composante stratégique pilotée est continue depuis 1964 avec l'indispensable soutien des avions ravitailleurs Boeing C-135 F Stratotanker (Carrier 135 France) transformés à partir de 1980 en Boeing C-135 FR (France Remotorisé), qui permettent un accroissement essentiel du rayon d'action.

Cette mission fut d'abord assurée par les systèmes d'armes Mirage IV A/ANM jusqu'en 1986, puis par les Mirage IV P/ASMP de 1986 à 1996, par les Mirage 2000 N/ASMP depuis 1988, par les

Le Boeing C 135 FR Stratotanker n° 63-12736 en approche d'Istres.
(FAS)

Ci-dessus.
Le Mirage IV P n° 52 configuré avec des réservoirs pendulaires de 2 500 l et une maquette de missile ASMP. *(DR/collection H. Beaumont)*

Mirage 2000 Nk3/ASMP-A depuis 2009 et par les Rafale B standard F3/ASMP-A depuis juillet 2010.

La France maintient sa volonté stratégique de dissuasion nucléaire, qui repose désormais sur les Mirage 2000 Nk3/ASMP-A, sur les Rafale B standard F3/ASMP-A, sur les Rafale M standard F3/ASMP-A et sur les SNLE.

Avec la diminution de la menace géopolitique, l'État-major décida que trois escadrons de la FATac seraient dotés de quinze Mirage 2000 N, contre cinq escadrons pour les systèmes d'arme Mirage III E/AN 52 et Jaguar A/AN 52. La mission nucléaire tactique prit alors la désignation de frappe nucléaire pré stratégique, puis d'ultime avertissement, la frappe nucléaire stratégique étant dévolue aux Mirage IV P des Escadrons de Bombardement 1/91 « Gascogne » à Mont-de-Marsan et 2/91 « Bretagne » à Cazaux, opérationnels pour la mise en œuvre du missile ASMP depuis les 1er mai et 1er décembre 1986. La localisation des bases de stationnement des unités mettant en œuvre le missile ASMP permettait de privilégier l'axe de pénétration Sud pour les Mirage IV P et l'axe de pénétration centre Europe pour les Mirage 2000 N stationnés à Luxeuil Saint Sauveur. A la date du 1er septembre 1991, par le transfert de la 4e Escadre de Chasse, l'ensemble des moyens de la composante « air » à vocation nucléaire étaient regroupés au sein des FAS, renforçant sa mission stratégique par un spectre d'utilisation élargi qu'autorisait la souplesse d'emploi du système d'armes Mirage 2000 N/ASMP, puis en 1994, la réforme « Armées 2000 » augmenta le format des escadrons de chasse à

Ci-dessous.
Le Mirage IV A n° 50 en configuration lisse au retour d'un vol d'entraînement comme en témoignaient les portes ouvertes du parachute frein, simplement configuré avec une maquette de bombe nucléaire AN 21. *(DR/collection H. Beaumont)*

vingt avions. Au 1er juillet 1996, les Mirage IV P abandonnaient la mission nucléaire stratégique au profit de la mission de reconnaissance stratégique qu'ils assuraient déjà. Dès lors, seuls les Mirage 2000 N assuraient la mise en œuvre du missile ASMP pour la mission de dissuasion nucléaire.

Les Force Aériennes Stratégiques ont la double responsabilité de l'engagement éventuel de la composante « air » de la force de dissuasion nucléaire sur ordre du président de la République et en résultante, du maintien en toutes conditions de la disponibilité opérationnelle de cette force. Le COFAS (Centre d'Opérations des FAS) situé à Taverny (un second site est situé à Lyon Mont Verdun), remplit la fonction de transmission des ordres aux unités — dont l'éventuel ordre d'engagement nucléaire — par des moyens de communication redondants, cryptés et ultra-protégés au sol ou dans les airs, assure la disponibilité et la coordination de la force, ainsi que la planification et la conduite des entraînements opérationnels.

Ci-contre.
**Le Mirage 2000 N n° 323 de l'EC 2/4
« La Fayette » configuré avec une maquette de missile ASMP, des réservoirs pendulaires de 2 000 l et des maquettes de missile Magic 2.** *(A. Paringaux)*

À partir de 1981, le système de transmissions avait été durci aux impulsions électromagnétiques, notamment le système ASTARTE (Avion STAtion Relais Transmissions Exceptionnelles) mis en œuvre par l'Escadron Avion 1/59 « Bigorre » avec ses quatre Transall NG (Nouvelle Génération) C-160 H pouvant être ravitaillés en vol, qui permettait en toutes circonstances la transmission des ordres donnés par les plus hautes autorités de l'État et par le commandement aux unités nucléaires. Cette mission de transmission aux forces nucléaires par émissions VLF a été reprise en partie par l'Escadron 92/532 SYDEREC (SYstème DErnier RECours) rattaché aux FAS, qui a été créé le 1er septembre 2000 à Brétigny-sur-Orge.

La mission prioritaire du Mirage 2000 N est la dissuasion nucléaire. Cette mission de posture nucléaire assure la crédibilité du concept de dissuasion, par une possibilité d'emploi de la force en toutes circonstances. La dissuasion repose sur la puissance des armes, sur la capacité et la flexibilité opérationnelle à leur mise en œuvre, sur la visibilité et sur la perception de la force par l'adversaire.

Cette menace dissuasive est assurée par des armes thermonucléaires redoutables en nombre suffisant : ASMP-A, par des vecteurs performants : Mirage 2000 N, Rafale B standard F3 et Boeing C-135 FR, mis en œuvre par un personnel ultra-compétent et parfaitement entraîné. Par la démonstration des forces lors d'exercices et de manœuvres d'envergure, un adversaire éventuel ne peut en ignorer ni leur disponibilité, ni leur dangerosité.

Les escadrons en charge de cette mission, qui représente environ 60 % de leur activité, doivent être capables d'en assurer le profil dans un cadre de procédures ultra-secrètes relevant de la rigueur la plus absolue. Simplifiées, les phases d'une mission nucléaire à partir de la ZA (Zone d'Alerte) seraient les suivantes : mise en œuvre opérationnelle de l'ASMP-A, accrochage sous avion, mise en œuvre opérationnelle et maintenance du Mirage 2000 N armé, préparation de la mission sur l'objectif désigné, décollage, rejointe du ravitailleur, réception de l'ordre d'engagement, navigation vers l'objectif, pénétration et tir d'ASMP-A. La phase de tir de l'ASMP-A résume parfaitement l'indispensable complémentarité du binôme pilote/navigateur : le navigateur verrouille et déverrouille le missile, le pilote en fait le tir, au terme d'une procédure d'engagement nucléaire ultra-secrète et ultra-sécurisée. Tous les aspects de la mission de pénétration nucléaire font l'objet d'un entraînement quotidien sur les différentes phases de la mission. Ceci est particulièrement nécessaire par le profil qu'exige la pénétration en suivi de terrain tout temps en TBA/TGV (Très Basse Altitude/Très Grande Vitesse, en dessous de 1 500 pieds à 600 nœuds, soit 300 m/s), ou TTBA/TGV (Très Très Basse Altitude en dessous de 500 pieds à 600 nœuds) dans des zones de vol exclusives. Schématiquement, le SDT superpose sa trajectoire de vol avec les échos recueillis du sol et dégage automatiquement l'avion vers le haut à 5,5 G s'il perçoit un obstacle ou un écho de nuage très dense avec de la pluie. Le vol en TTBA de jour ne se fait pas forcément en SDT si la météo est bonne.

Un commandant d'escadron résume les missions du Mirage 2000 N : « *Pas une semaine ne s'écoule sans que l'on teste un segment de la mission nucléaire. En toutes circonstances, à tout moment, l'ensemble du système d'armes est opérationnel et les équipages sont prêts à la mission* ».

Plusieurs exercices spécifiques à la mise en œuvre et à la mission nucléaire sont régulièrement réalisés par les FAS, dont les résultats

Le Boeing C 135 F Stratotanker n° 63-8472 en livrée aluminium lors d'un vol à moyenne altitude. *(DR/collection H. Beaumont)*

Ci-dessus.
Le Rafale B standard F3 n°328 de l'EC 1/91 « Gascogne », configuré avec une maquette de missile ASMP-A, des réservoirs pendulaires de 2 000 l et des maquettes de missile MICA (Missile d'Interception de Combat et d'Autodéfense) à tête EM (Electro Magnétique) sous voilure et IR (Infra Rouge) en bouts d'ailes. (CFAS)

Ci-contre.
Le Mirage 2000 N n° 362 de l'EC 2/4 « La Fayette » en vol à très basse altitude au-dessus de la mer, configuré avec des réservoirs pendulaires de 2 000 l. (DR/collection H. Beaumont)

Ci-dessous.
Un Mirage 2000 N de l'EC 3/4 « Limousin » en vol à très basse altitude au-dessus de la mer. (A. Paringaux)

sont évalués et transmis aux plus hautes autorités de l'État. Parmi ceux-ci on compte notamment:

✔ « **Punch** ». Cet exercice s'appliquait aux forces préstratégiques avec un plan global qui mettait en œuvre l'ensemble des moyens quatre fois par an, avec un vol de jour et un vol de nuit.

✔ « **Poker** ». En application depuis 1964 et impliquant les Mirage 2000 N depuis janvier 1996, l'exercice concerne l'ensemble des unités de Mirage 2000 N (et depuis le 1er juillet 2010 de Rafale B standard F3) qui réalisent une mission de type « guerre », équivalente à un raid nucléaire stratégique intégrant une situation tactique simulée (interceptions, menaces air sol, pannes). « Poker » met en œuvre 30 à 40 avions, dont des Mirage 2000-5F et des Mirage 2000 D. Cet exercice se déroule quatre fois par an, le profil de la mission, qui dure entre cinq et six heures consiste en: un décollage, un rassemblement du « train » des avions participants, un vol à haute altitude comprenant des ravitaillements en vol, une percée à basse altitude, un tir fictif ASMP-A restitué sur un champ de tir (Suippes, Cazaux), un ravitaillement en vol puis un atterrissage. Pour le tir fictif ASMP-A, un radar au sol suit le Mirage 2000 N qui va vers son but et qui émet un signal sonore au moment de la simulation du tir. Le radar l'enregistre, compare les données, puis donne l'écart entre la position réelle du but et la position de l'avion au moment de la simulation du tir.

✔ « **Banco** ». Montée en puissance de l'ensemble des unités FAS, avec une phase au sol complète, qui comprend l'accrochage d'une arme réelle avec tête nucléaire sous Mirage 2000 N, avec prise d'alerte nucléaire. À la fin de l'exercice, l'avion est désarmé, puis fait un vol dit « de réaction » de deux à trois heures (ou davantage si l'exercice est intégré à « Poker »), dont le profil de vol enchaîne un vol à haute altitude puis à basse altitude (éventuellement ravitaillement en vol) et un tir fictif ASMP-A restitué.

✔ « **Palmier** ». Entraînement à la prise d'alerte avec montée en puissance d'un escadron au cours de laquelle les procédures afférentes aux systèmes d'armes nucléaires sont réalisées.

Ci-dessus.
Le Mirage 2000 N n° 354 de l'EC 2/3 « Champagne » en campagne de tir à Cazaux, larguant des bombes BAP 100 freinées par parachute. *(DR/collection H. Beaumont)*

✔ « **VIF** » (Vol d'Instruction des Forces). L'aptitude et le travail opérationnel de tous les équipages (navigation, ponctualité, précision) pour la mission nucléaire sont contrôlés et évalués au cours d'une mission d'application des procédures, ponctuée par un tir fictif ASMP-A sans décrochage, restitué au CEL de Biscarosse, grâce à la tête instrumentée d'équipements de télémesure du missile.

✔ « **TEF** » (Tir d'Évaluation des Forces). Mission équivalente à une mission de guerre, conclue au CEL par un tir réel de missile ASMP-A à capacité d'autodestruction, équipé d'une tête inerte renfermant de multiples instrumentations, qui permettent de vérifier et de montrer que les procédures et le système d'arme sont opérationnels pour la mission de dissuasion nucléaire (un TEF était aussi réalisé par la Marine Nationale pour le système d'armes Super Étendard/ASMP).

La mission complémentaire du Mirage 2000 N est l'assaut air sol tout temps avec des frappes dans la profondeur et l'appui-feu de troupes au sol, avec des armements conventionnels, qui représente environ 40 % de l'activité. Les deux missions des Mirage 2000 N sont indissociables, car certaines phases en sont communes, ainsi l'expertise conventionnelle crédibilise par ses exercices la capacité AMN (Apte Mission Nucléaire), elle-même gage d'expertise conventionnelle. L'entraînement aux missions est quotidien et permet par sa variété de répondre à leurs exigences, qui requièrent un minimum de 180 heures de vol par an pour les équipages.

En complément aux exercices nucléaires spécifiques, les escadrons de Mirage 2000 N participent à de nombreux exercices nationaux et internationaux, à des campagnes de tir et à des échanges d'escadrons. Ainsi, dès juin 1992, sept Mirage 2000 Nk2 des Escadrons de Chasse 1/4, 2/4 et 2/3 reçurent un camouflage sable type « désert », dont quatre rejoignirent Nellis AFB (Air Force Base) dans le Nevada avec l'assistance de Boeing C-135 FR, pour participer à l'exercice tactique « Red Flag », démontrant aussi la capacité de projection du Mirage 2000 N à longue distance.

LA MISE EN ŒUVRE DU MISSILE ASMP

À la mise en service opérationnel du missile ASMP, les DAMS ont été en charge du stockage, de l'entretien, de la mise en œuvre, de l'assemblage et du montage des composants du missile ASMP, du lance-missiles ASMP et des maquettes d'exercice. Leur localisation géographique sur leur base, dans des bâtiments et des locaux ultra-protégés et ultra-sécurisés, était à distance des infrastructures des escadrons et des ZA, nécessitant le transport des armes pour leur accrochage sous avion.

Les personnels qui y travaillent ont les qualifications nucléaires et est familièrement surnommé « dalmatiens ». Initialement les personnels mettant en œuvre l'ASMP portant l'acronyme de leur fonction

À Nellis AFB lors d'un exercice Red Flag, le Mirage 2000 N n° 371 de l'EC 1/4 « Dauphiné » au roulage, configuré avec des réservoirs pendulaires de 2 000 l et un conteneur de recueil de paramètres MATRA NECA. *(DR/collection H. Beaumont)*

Une maquette de missile ASMP couverte d'une bâche de protection arrivant vers une hangarette. (A. Paringaux)

Ci-dessus.
Une équipe de techniciens nucléaires dirigeant le chariot de transport d'une maquette de missile ASMP vers un Mirage 2000 N. *(A. Paringaux)*

Ci-dessous.
Positionnement sous un Mirage 2000 N d'une maquette de missile ASMP sur son chariot. *(CFAS)*

Ci-dessus.
Roulage d'une maquette de missile ASMP vers son lance-missiles avant son accrochage. *(CFAS)*

Ci-dessous.
Maquette de missile ASMP accrochée, les techniciens nucléaires procèdent aux vérifications des procédures. *(CFAS)*

36

Ci-dessus.
Un personnel navigant et un mécanicien vérifiant la maquette de missile ASMP accrochée sous un Mirage 2000 N. *(A. Paringaux).*

Ci-dessus, à droite.
Le bureau de piste de l'EC 2/4 « La Fayette ». *(H. Beaumont).*

sur leur combinaison comprenaient les : OPN (Officier de Prévention Nucléaire), OPNA (Officier de Prévention Nucléaire Adjoint), CP (Contrôleur de Procédures), CE (Chef d'Équipe, chef avion), M1 (Mécanicien piste), M2 (Mécanicien dépannage/électricité), et M3 (Mécanicien SNA/armements).

L'infrastructure de la ZA permet le contrôle des différentes étapes de la montée en puissance, la réception des ordres, la préparation des missions, la mise en œuvre et le conditionnement des armes.

Une ZA est totalement autonome, hermétiquement confinée, et est équipée de marguerites et de hangarettes, d'un taxiway protégé par une barrière permettant de rejoindre la piste. Toutes les opérations d'accrochage/décochage sous avion sont effectuées à l'intérieur de la ZA dans les hangarettes, sur le sol desquelles sont peintes des marques obligeant au bon positionnement des matériels de servitudes, dans le cadre de la sécurité nucléaire. L'accrochage d'une maquette ASMP peut se faire avec les mêmes procédures qu'un missile réel (procédure complète ou partielle), ce qui permet de maintenir un haut niveau d'entraînement et de compétences. Un PCE (Poste de Commandement Escadron) enterré permet aux équipages la préparation des missions en salle de guerre, possède des moyens de transmissions ultra-sécurisés et une salle de décontamination NBC (Nucléaire Bactériologique Chimique).

Un avion en alerte nucléaire mobilise trois mécaniciens nucléaires. Lors du montage de l'ASMP, le DAMS est responsable de l'arme jusqu'à la fin de l'accrochage sous avion qui marque le début de la prise d'alerte. Dès lors, la responsabilité doit être transférée au commandant d'avion qui s'assure de la conformité de la hangarette et du système d'armes avant de prendre la responsabilité de l'arme, de l'avion et de la hangarette. Dans la hangarette se trouvent le GSAN, l'équipage et les mécaniciens. Lors du démontage de l'arme, cette responsabilité est transférée du commandant d'avion au chef d'équipe du DAMS, qui vérifie à son tour la conformité de l'arme, de l'avion et de la hangarette.

Pour l'ASMP-A, il n'y a plus de DAMS car l'entité responsable des armes est intégrée à l'escadron et située dans la ZA en bout de piste.

Depuis sa mise en service, les mécaniciens sont tous formés au montage d'une arme nucléaire et doivent avoir une maîtrise de la sûreté nucléaire. Trois mécaniciens sont nécessaires pour le montage d'un ASMP-A, la fonction de CP ayant disparu au profit d'un PN (Personnel Navigant), responsable de la qualité et de la sûreté nucléaire, qui contrôle le travail des mécaniciens. Lors de la préparation suivie d'une prise d'alerte, une équipe d'alerte seconde l'équipage, composée d'un CA (Chef Avion) et des M1, M2 et M3. La check-list nucléaire qui détaille toutes les procédures permet au CA de vérifier que les tâches réalisées y sont strictement conformes. Tant qu'une phase n'est pas terminée, on ne peut passer à la suivante et en cas de problème l'intervention est arrêtée, la procédure étant revue jusqu'à sa résolution. Les vols avec maquette d'ASMP-A sont assez rares et permettent l'entraînement des mécaniciens et des équipages. En vol la maquette du missile se comporte de façon « transparente », mais en accroît la traînée comme le confirme un pilote : *« Le missile pèse environ une tonne, on le sent au pilotage, car l'avion est plus lourd et en virage serré, l'énergie se perd plus vite »*.

LA PRÉPARATION DES MISSIONS EN MIRAGE 2000 N

Les ordres de mission pour les exercices imposés sont définis par le COFAS, qui les transmet aux unités. Le chef de l'escadron et le chef opérations de l'escadron planifient les missions, puis les communiquent aux commandants d'escadrilles. L'escadron définit les missions et adresse ses demandes au COFAS (ravitaillement en vol, créneaux en itinéraires réservés, etc.), chaque mission faisant l'objet d'un ordre de vol à signer par l'équipage de chaque avion, sur lequel figure le déroulement de la mission et les objectifs à traiter. Les ordres de vol sont reportés sur les cahiers d'ordres, un pour les jours pairs et un pour les jours impairs. Au quotidien, les équipages ne sont pas constitués, au contraire des équipages en missions de guerre ou en OPEX (OPérations EXtérieures), car le fait de changer d'équipier permet de standardiser les équipages et les modes de pilotage. La désignation du commandant de bord avion est faite par les commandants d'escadrille selon des critères basés sur la qualification professionnelle des membres d'équipage. Comme l'évoque un navigateur commandant d'escadrille : *« Il est essentiel que l'un des deux soit responsable pour éviter les non-décisions. Dans un avion qui avance à 600 kt, il faut décider rapidement. Les décisions à court terme relèvent du pilote, le rôle du commandant de bord étant de prendre les orientations majeures pendant le vol, par exemple en cas de panne, il détermine ce qu'il faut faire et en mission tactique, il détermine les actions à entreprendre et la gestion du timing* ». L'officier de renseignement de l'escadron est en charge de la transmission des informations tactiques qui conditionnent la préparation de la mission.

Cette préparation dépend de la complexité de la mission et peut durer de 15 minutes à 5 heures, la moyenne étant de 1 h 30. Il faut intégrer la météo, les zones interdites, le profil de la mission, l'objectif à traiter, les calculs de consommation de pétrole en basse et en haute altitude, le ravitaillement en vol, le plan de vol à déposer (altitudes, vitesses, terrains, etc.), faire le trait avec les officiers de renseignement et le reporter sur des cartes (au 1/500 000e pour les phases de navigation et au 1/50 000e pour les phases d'attaque), déterminer le meilleur axe d'attaque (diagonale préférentielle) avec le point d'entrée, le point de cabré, le point et l'altitude de renversement, le cap d'attaque pris à la bonne altitude et le point de largage des charges. Les préparations des missions en suivi de terrain à plusieurs avions sont très complexes et doivent intégrer de mauvaises conditions météorologiques (mise en formation « card », soit en rectangle, avec une distance latérale entre deux avions de deux à trois nautiques et une distance longitudinale avec un écart d'une minute entre les patrouilles, soit 7,5 nautiques à 450 kt).

Le système SAGEM Paloma a été successivement remplacé par le SLPM/ASMP (Système Local de Préparation de Mission/ASMP) puis par le SLPRM (Système Local de Préparation et de Restitution de Mission) commun à l'ensemble de l'Armée de l'Air. Ce système permet la planification et la préparation de mission avec des supports informatiques, intégrant la coordination des plans de vol, les paramètres des missions, les points de route, les points de visée décalée, les trajectoires, les horaires, les modes d'attaque, les armements, l'autonomie carburant, la situation tactique (menaces, troupes au sol, couloirs de vols, zones interdites) sur cartographie avec profils de terrain, la météo et la liaison entre le pilote, le navigateur et l'avion. Les données sont intégrées dans le MIP (Module d'Insertion de Paramètres), qui reprend plan de vol comportant une quantité d'informations limitée et dans la MBM (Mémoire à Bulles Magnétiques) qui intègre une multitude d'informations dans un environnement complexe : les paramètres de vol et les recalages de radiosonde, la corrélation radar et la situation tactique dans la zone. La coordination entre les missions planifiées et la préparation des avions par les mécaniciens est assurée à partir des ordres de vol donnés aux équipages. Le chef de hangar a la charge de la mise en configuration requise pour les avions, dont la disponibilité est reportée sur les feuilles d'ordres, et sur le tableau d'ordres. Dans le bureau de piste, le chef de piste gère l'ensemble des activités, quant aux chefs de ligne, ils gèrent les avions au quotidien en fonction de ce que demandent les opérations, avec la mission d'attribution des avions, sur la base des horaires de décollage et des configurations avions. En suivi de la préparation des avions, ils surveillent la tenue de la formule 11.

LE DÉPART DU MIRAGE 2000 N EN MISSION

Après que le pilote ait pris en compte l'avion apte au vol en signant la formule 11 au bureau de piste, l'équipage se rend à l'avion qui lui a été attribué. Généralement, un seul mécanicien assiste l'équipage à la mise en route de l'avion. Tout comme les équipages, les mécaniciens ne sont pas affectés à un avion particulier et interviennent sur tous les appareils.

Lorsque l'équipage arrive à son avion, le pilote monte à son poste, met la batterie sur marche et vérifie l'extinction du voyant CALC sur le tableau de pannes, puis fait signe au mécanicien de mettre en

Ci-dessus.
Le pilote et la mécanicienne avion vérifiant l'état de la pointe avant lors du tour avion.
(H. Beaumont)

Ci-dessous.
Vérification du train auxiliaire. *(H. Beaumont)*

Ci-dessus.
Vérification de l'entrée d'air. (H. Beaumont)

Ci-contre.
Vérification de l'état de la tuyère. (H. Beaumont)

Ci-dessous.
Vérification des élevons et de l'état de l'arrière du réservoir pendulaire. (H. Beaumont)

route le groupe de parc, ce qui permet au navigateur, après avoir mis ses rappels de jambes pour le siège éjectable, de s'installer à son poste pour lancer les centrales à inertie. Cette opération dure de 7 à 10 minutes et peut être interrompue pour un décollage. Le temps nécessaire pour un alignement normal est de 4 minutes 20, mais il est allongé pour préserver les centrales ; quant à l'alignement double, il permet l'optimisation des centrales. L'ALCM (ALignement de Cap Mémorisé) peut également être réalisé en 1 mn 30, après un alignement normal, fait par exemple la veille lors d'une prise d'alerte, mais à partir de ce moment, il ne faut pas que l'avion soit bougé. Si l'alignement n'est pas optimisé, la centrale peut dériver, aussi l'ALCM ne doit-il être utilisé qu'exceptionnellement.

Le navigateur insère sur sa banquette droite le MIP et la MBM pour le transfert des données enregistrées. Pendant ce temps, le pilote fait le tour avion à partir de l'avant gauche dans le sens des aiguilles d'une montre, sous le guidage du mécanicien avion et vérifie successivement : les prises statiques, le train auxiliaire, la pointe radar, la trappe batterie, le piège à couche limite, l'entrée d'air, le train principal droit, le caisson de train, la trappe de visite endoscope moteur, l'état général de l'intrados, l'absence de trappes ouvertes et de fuites,

les bouchons du réservoir pendulaire en place et l'absence de fuites, la vérification d'éventuelles bosses du réservoir pendulaire (qui ont été préalablement examinées, puis entourées d'une marque signifiant qu'elles sont bonnes de vol), le saumon d'aile, la vérification du missile Magic 2 préparé : sans cache, sécurités enlevées, l'arrière du réservoir pendulaire, les élevons et leur débattement, les lance-paillettes des CME, l'état général de la dérive, dans la tuyère les volets chauds du moteur, l'état des chemises thermiques, les sondes de température présentes, l'absence de fuite de carburant, l'état des volets froids (traces de raclage du sol à l'atterrissage), la trappe de la hangarette ouverte pour l'échappement des gaz (800° à la mise en route), puis procède symétriquement à gauche, vérifie la trappe d'oxygène, le TAM (Tableau d'Armements Mécanicien) qui informe le SNA de la configuration réelle de l'avion.

Avant de s'installer à son poste, le pilote met ses rappels de jambes, puis vérifie que la cabine est en position sûre : pression hydraulique avec l'efficacité du frein de parc, alimentation moteur et groupe de parc. Une fois installé dans son siège, il fait un tour cabine dans le sens des aiguilles d'une montre et vérifie tous les indicateurs pour vérifier la conformité de leur position, le plein avion, la quantité

Ci-dessus, à gauche.
Vérification de la maquette de Magic 2 et du réservoir pendulaire. *(H. Beaumont)*

Ci-dessus.
Un pilote mettant ses rappels de jambes avant de monter à son poste.
(H. Beaumont)

Ci-contre.
Un mécanicien montrant au navigateur les deux sécurités de son siège éjectable.
(H. Beaumont)

Ci-dessous.
Équipage installé dans son Mirage 2000 N prêt à faire la mise en route.
(H. Beaumont)

En bas.
Les ouvertures d'échappement du démarreur Microturbo « Noëlle » 180.
(H. Beaumont)

d'oxygène en cabine ; muni d'une lampe de poche, il vérifie que le « blinker » (témoin de fonctionnement du débit d'oxygène passe au blanc à l'inhalation et au noir à l'expiration), puis vérifie le serrage des attaches, le branchement d'oxygène et la position de sa Mae West. Le mécanicien qui a aidé le navigateur à se sangler à son siège éjectable, enlève la sécurité haute, se recule pendant que le navigateur retire la sécurité basse et la lui donne. Ensuite, le mécanicien montre au navigateur les deux sécurités avant de les ranger dans la poche du siège et procède à l'identique avec le pilote.

À la fin de l'alignement des centrales, le tour cabine est terminé, le pilote demande alors au mécanicien d'enlever les cales de roues, puis lui fait signe de mettre en route. Le pilote met le coupe-feu, les pompes à carburant sur marche et fait la mise en route. Le démarreur Microturbo « Noëlle » 180 assure la montée du régime moteur, manette des gaz sur « stop », puis sur « ralenti ». Le pilote et le navigateur vérifient le compte-tours, la température, les voyants indicateurs de feu moteur. Dans le même instant, le mécanicien regarde sous l'avion le démarrage du démarreur Microturbo « Noëlle » 180 en vérifiant que les flammes qui sortent de ses deux ouvertures d'échappement sont normales, qu'il n'y a ni fuite d'huile pulvérisée, ni feu moteur. Si tout est normal, le mécanicien demande à l'équipage de mettre les mains sur le casque (pour éviter toute fausse manœuvre), débranche le groupe de parc, passe côté droit de l'avion et donne le signal de sortie de la hangarette ou de roulage, pendant lequel l'équipage met en marche les équipements, dont le radar, qui n'étaient pas branchés pour ne pas surcharger la consommation électrique.

LES ULTIMES VÉRIFICATIONS

Le mécanicien demande par un geste adressé au pilote un test des freins, vérifie la symétrie du freinage, l'absence de fuite hydraulique (le pilote actionne les volets et les gouvernes), la pression des amortisseurs et l'état des trains. Durant cette phase, le pilote doit pouvoir réagir avec la main sur le frein de parc. Dans l'attente de l'autorisation de roulage, le Mirage 2000 N demeure sous les ordres du mécanicien avion qui demande au pilote les dernières vérifications par le test des « cinq doigts » en communiquant avec lui avec une main.

✔ Un doigt : le pilote braque toutes les commandes au manche et au palonnier pour le débattement des élevons et du drapeau, afin de faire circuler le liquide hydraulique et pour vérifier l'absence de fuite hydraulique.

✔ Deux doigts : le pilote appuie sur le bouton d'autotest du pilote automatique. Si le vert s'affiche tout est OK, si c'est le rouge, il y a un problème.

Ci-dessus.
Un équipage, mains bien visibles, en attente des ordres de son mécanicien À noter les deux entrées d'air additionnelles ouvertes. *(H. Beaumont)*

Ci-contre.
Le Mirage 2000 N n° 333 de l'EC 1/4 « Dauphiné » a mis en route, aux ordres de son mécanicien en train de demander à l'équipage de mettre les mains sur le casque. *(H. Beaumont)*

Ci-dessous.
Le mécanicien du Mirage 2000 N n° 312 venant de demander au pilote de brasser les commandes, comme en témoignent les braquages du gouvernail et des élevons. *(H. Beaumont)*

Ci-dessus.
À la fin du test des « 5 doigts », le mécanicien signalant à l'équipage que tout est conforme. *(H. Beaumont)*

Ci-dessous.
Au roulage à Luxeuil pour un départ en mission d'entraînement, l'équipage du Mirage 2000 N n° 307 de l'EC 2/4 « La Fayette », configuré avec des réservoirs pendulaires de 2 000 l, saluant le photographe par un mouvement des élevons et des aérofreins.
(H. Beaumont)

Ci-dessus.
Roulage du Mirage 2000 N n°356 de l'EC 3/4 « Limousin » pour rejoindre la piste depuis la ZAM d'Istres avant un vol de réaction après un exercice Poker. *(H. Beaumont)*

Ci-contre.
Équipage au roulage lors d'un départ en mission d'entraînement.
(H. Beaumont)

✔ Trois doigts : TPC (Test Pilote Court) : les gouvernes s'activent seules pour tester toute la chaîne des commandes de vol électriques, si le vert s'affiche au poste pilote le fonctionnement est conforme, si le rouge s'affiche : le pilote refait un brassage des commandes et si le problème persiste, le vol est annulé.

✔ Quatre doigts : moteur poussé à 70 % pour le test de l'alimentation/régulation de la chaîne de secours carburant avion, si un problème est constaté le vol est annulé.

✔ Cinq doigts : test de la dirigibilité du train avant pour vérifier que la roulette de nez fonctionne.

✔ Six doigts : en cas d'emport d'armements réels, le mécanicien armurier retire les sécurités des armements.

Main ouverte : le mécanicien demande à l'avion d'avancer d'un quart de tour de roue avec un test des freins, puis demande par un geste à l'équipage de mettre leurs mains sur leurs casques, passe sous l'avion pour vérifier que la partie cachée des pneumatiques ne présente pas de méplat ou d'entaille et vérifie à nouveau l'absence de fuites.

Le leader fait un appel radio sur la fréquence interne à la patrouille pour savoir si tous les avions sont prêts et si tel est le cas, demande l'autorisation de roulage à la fréquence qui gère la circulation au sol. Dès l'autorisation de roulage donnée, le pilote allume les phares du train auxiliaire (obligatoire pour le roulage) et donne un coup de moteur, pour avertir le mécanicien du départ, celui-ci regarde les 10/15 premiers mètres du roulage afin de s'assurer de l'absence de fuites, puis salue l'équipage qui lui répond.

Ci-dessus.
Le Mirage 2000 N n° 341 de l'EC 2/4 « La Fayette » venant de mettre la postcombustion à pleine charge avant le lâcher des freins pour un départ en mission. L'avion était configuré avec des réservoirs pendulaires de 2 000 l. *(DR/collection H. Beaumont)*

LE DÉCOLLAGE EN MIRAGE 2000 N

Pendant le roulage vers le seuil de piste, les dernières vérifications sont faites : tests radio, radio navigation, SDT, CME, IFF, armements, régalages des alarmes sonores. L'équipage fait son briefing décollage en récapitulant notamment les actions réflexes en cas de panne, le navigateur annonce l'accélération nominale et la VR (Vitesse de Rotation), le pilote lui répond en donnant la VR, la valeur minimale d'accélération (qui ne doit pas être inférieure à plus de 10 % de la valeur nominale qu'il a calculée) à laquelle il fera son interruption de décollage et récapitule les procédures d'interruption de décollage et d'éjection.

Lorsque l'autorisation de décollage est donnée, le pilote met plein gaz sur frein, attend la montée en puissance du régime réacteur, la stabilisation du régime à 103 %, soit la T7 (température en sortie de turbine) de l'ordre de 900°, et vérifie que le tableau de pannes est éteint. Si l'avion n'est pas en configuration lourde, le pilote met la manette des gaz sur plein gaz sec, lâche les freins, puis met la postcombustion au maximum et vérifie son enclenchement avec le voyant FAN allumé au vert. Si l'avion est en configuration lourde, le pilote met les freins, la postcombustion au minimum, lâche les freins puis met la postcombustion au maximum et vérifie son enclenchement avec le voyant FAN allumé au vert.

Le navigateur annonce le débit carburant qu'il lit (d'environ 300 kg/mn), la vitesse à 80 kt, le pilote lui répond par l'accélération affichée en VTH et lorsque la VR calculée pour le vol est atteinte, le navigateur annonce la VR, le pilote fait le cabré au manche et le décollage. Selon la masse de l'avion, le décollage s'effectue entre 120 et 150 kt, 10 secondes après le lâcher des freins si l'avion est en configuration lisse, ou 20 à 25 secondes si l'avion est lourd (intégration faite de l'altitude du terrain et/ou de la température qui, lorsqu'elles sont élevées, accroissent la longueur de roulage au décollage). Le train est rentré à 180/200 kt, les roues se bloquant automatiquement pour éviter d'éventuels frottements ou forces, le pilote vérifie que le voyant des trappes du train sont éteintes pour annoncer « train rentré ».

À 300 kt, la postcombustion est coupée et la rejointe se fait en fonction de la mission et du profil décidé par le leader.

Lorsqu'une patrouille part à deux avions en PL (Patrouille Légère), l'avion leader décolle et prend une forte incidence de montée (décollage cravate) qui peut se situer entre 15/20° et 50/60° pour « casser » sa vitesse, le second avion décolle à vingt secondes d'intervalle (en fonction de la masse des avions pour éviter les turbulences de l'avion précédent) et prend une incidence de montée de 5/10°. Cette différence de trajectoire permet une rejointe plus rapide, puisque le leader accélère moins vite que son équipier et parcourt le moins de chemin possible pour que

Le Mirage 2000 N n° 371 de l'EC 2/4 « La Fayette » décollant avec toute la puissance de son moteur SNECMA M 53-P2, configuré avec des réservoirs pendulaires de 2 000 l.
(DR/collection H. Beaumont)

44

ce dernier rassemble plus rapidement (les deux trajectoires forment un triangle). Si la mission comporte quatre avions en PS (Patrouille Simple), les décollages s'espacent de trente secondes.

Par beau temps, le rassemblement des avions est fait en basse altitude avec une manœuvre en triangle plus large. Ainsi, l'avion leader va chercher cinq nautiques, l'avion 2 quatre nautiques, l'avion 3 trois nautiques et l'avion 4 deux nautiques, les virages successifs des avions vers un même cap permettent le regroupement. Par mauvais temps, les décollages s'effectuent en montée « snake », deux par deux ou à quatre avions. Tous les avions suivent la même trajectoire de vol, dont les paramètres ont été définis lors du briefing avec des écarts d'altitude et de temps, puis se rassemblent le plus rapidement possible, dès que les conditions météorologiques le permettent.

Le leader a la qualification de chef de patrouille, le numéro 3 de sous-chef de patrouille et les numéros 2 et 4 peuvent avoir toutes les qualifications, dont celles de pilotes en formation ou en évaluation.

Le décollage en patrouille serrée est nécessaire pour la réduction de l'espacement et pour éviter que par de mauvaises conditions météorologiques les avions soient trop distancés l'un de l'autre. La piste de décollage faisant 45 m de large, les axes des avions sont séparés de 20 m l'un de l'autre, les yeux du pilote du second avion

En haut.
Décollage du Mirage 2000 N n° 329 de l'EC 2/4 « La Fayette » postcombustion à pleine charge, emportant des réservoirs pendulaires de 2 000 l. *(H. Beaumont)*

Ci-dessus.
Décollage du Mirage 2000 N n° 312 de l'EC 1/4 « Dauphiné » configuré avec des réservoirs pendulaires de 2 000 l. On notera les becs de bord d'attaque sortis. *(H. Beaumont)*

Ci-dessous.
Point fixe avant un décollage imminent pour une mission des Mirage 2000 N n° 363 et n° 374 de l'EC 2/4 « La Fayette », configurés avec un réservoir pendulaire ventral de 1 300 l. *(DR/collection H. Beaumont)*

LES CONFIGURATIONS ET LES EMPORTS OPÉRATIONNELS DU MIRAGE 2000 N

LES CONFIGURATIONS

- **FOX :** réservoir pendulaire ventral de 1 300 l + Magic 2 ou sans.
- **BRAVO :** deux réservoirs pendulaires de 2 000 l + Magic 2 ou sans.
- **KILO :** deux réservoirs pendulaires de 2 000 l + réservoir pendulaire ventral de 1 300 l.
- **Entraînement à l'assaut conventionnel :** lance-bombes pour bombes d'exercice F3, F4, F7 ou F8 en point ventral + deux réservoirs pendulaires de 2 000 l + deux maquettes d'exercice Magic 2 ou sans.
- **Assaut conventionnel :**
  ✔ Bombes Mk 82 de 500 lb en points de fuselage avant/arrière + deux réservoirs pendulaires de 2 000 l + deux Magic 2 BDG (Bons De Guerre).
  ✔ Réservoir pendulaire ventral de 1 300 l + deux lance-roquettes LR type F4 + deux lance-roquettes LR type F4 ou deux Magic 2 BDG.
- **Entraînement à la mission nucléaire :** maquette ASMP/ASMP-A + deux réservoirs pendulaires de 2 000 l + deux maquettes d'exercice Magic 2 ou sans.
- **Guerre nucléaire :** ASMP puis ASMP-A (depuis 2009 sous Mirage 2000 Nk3) + deux réservoirs pendulaires de 2 000 l + deux Magic 2 BDG.
- **Convoyage :** deux réservoirs pendulaires de 2 000 l + réservoir pendulaire ventral de 1 300 l.

LES EMPORTS

Point ventral :
- RP 629 de 1 300 l (type Mirage III),
- RPL 552 de 1 300 l (type Mirage 2000),
- Lance-missiles LM 770 (Lance-Missiles) ASMP + maquette ASMP ou ASMP,
- Lance-missiles IT 772 (Installation de Tir) ASMP-A + maquette ASMP-A ou ASMP-A (depuis 2009),
- Poutre PU avec lance-bombes d'exercice Rafaut LBF 2A ou LBF 4 avec zéro à quatre bombes de type BBF 3, BBF 4, BATAP F7 (simulant les bombes BAP 100 et BAT 120) et BBLG F8 (simulant la bombe BLG 66 Belouga), ou LGTR (Laser Guided Training Round) sous adaptateur d'exercice spécifique.
- Deux Mk 82 de 500 lb sous adaptateur spécifique,
- Bombe GBL MATRA de 1 000 kg ou GBU 24 de 2 000 lb sous adaptateur spécifique,
- BAP 100 (Bombes Anti Piste) freinées par parachute puis accélérées par une fusée à poudre, par neuf ou par dix-huit sous adaptateur 14-3-M2,
- BAT 120 (Bombes d'Appui Tactique) freinées par parachute, par neuf ou par dix-huit sous adaptateur 30-6-M2,

1. Une maquette de missile ASMP accrochée à un LM 770 sous un Mirage 2000 N. (H. Beaumont)

2. Un lance-missiles LM 770. (H. Beaumont)

3. Une bombe Mk 84 de 2 000 lb en point ventral sous un Mirage 2000 N. (H. Beaumont)

4. Deux bombes Mk 82 de 500 lb sous adaptateur en point ventral sous un Mirage 2000 N. (H. Beaumont)

5. Une bombe d'exercice en point de fuselage avant gauche. (DR/collection H. Beaumont)

6. Une bombe conventionnelle BDG de 250 kg au point de fuselage avant gauche. (DR/collection H. Beaumont)

Point fuselage avant/point fuselage arrière :
- CLB (Cheminée Lance-bombes) + bombe Mk 82 de 500 lb.
- CLB + bombe de 400 kg.

Point 1 sous voilure :
- Réservoirs pendulaires RPL 541 et RPL 542 de 2 000 l,
- Lance-roquettes MATRA LR type F 4 (PY 9005 à gauche, PY 9006 à droite), contenant 18 roquettes SNEB de 68 mm, tirées au coup par coup ou en salves de 3, 6 ou 18.

Point 2 sous voilure :
- LM 2255 + maquette d'exercice MATRA Magic 2 ou Magic 2 BDG (portée de 15 km),
- LM 2255 + nacelle de restitution de paramètres MATRA NECA.
- LM 2255 A + maquette d'exercice MATRA Magic 2 ou Magic 2 BDG,
- Lance-roquettes MATRA LR type F4 contenant dix-huit roquettes de 68 mm.

LES CAPACITÉS EN CARBURANT

Les quantités de pétrole sont évoquées dans deux unités : en kilos puisque le détotalisateur du Mirage 2000 N indique des kilogrammes, et en litres, unité de mesure du compteur des camions citernes, la conversion étant de 1 000 kg de kérosène pour 1 250 l.

Le remplissage avion correspond à la seule quantité de pétrole avion, le remplissage total correspond à la quantité avion et réservoirs pendulaires.
- Plein interne : 3,1 t répartis comme suit :
  groupe avant : 920 kg, voilures 2 x 525 kg, nourrices gauche et droite : 1 130 kg.
- Plein interne + RP 629 ou RPL 552 : 4,1 t,
- Plein interne + RPL 541 et RPL 542 : 6,2 t. Les réservoirs pendulaires sont différenciés et ne sont pas interchangeables de côté, car certains bouchons et trappes sont placés sur leur partie externe. Les réservoirs sont constitués de trois compartiments : avant 300 kg, central 537 kg et arrière : 743 kg.
- Plein interne + RP 629 ou RPL 552 + RPL 541 et RPL 542 : 7,2 t.
  La consommation du Mirage 2000 N varie en fonction de la phase de vol :
  ✔ au décollage : 300 kg/mn,
  ✔ en vol de croisière au niveau 200 : 40 kg/mn,
  ✔ en vol de croisière au niveau 400 : 25 kg/mn,
  ✔ à basse altitude : 55 kg/mn à 450 kt,
  ✔ à très basse altitude : 100 kg/mn à 600 kt.

7. Une maquette de missile Magic 2 sous un lance-missiles LM 2255, avec sa sécurité dynamique rayée noir et jaune en position ouverte (elle se ferme sous la pression du vent relatif quand l'avion est en mouvement).
(H. Beaumont)

8. Un missile Magic 2 BDG sous un lance-missiles LM 2255.
(DR/collection H. Beaumont)

9. Un lance-missiles Magic 2 LM 2255 A, comportant dans sa partie arrière le détecteur de départ de missile. (H. Beaumont)

Ci-contre.
Décollage « cravate » à forte incidence par mauvais temps du Mirage 2000 N n° 312 de l'EC 1/4 « Dauphiné », témoignant de sa position de leader d'une patrouille.
(H. Beaumont)

fixés à la hauteur des roues du train principal de son leader pour prendre le plus vite possible les repères pour le vol en patrouille. Le décollage en patrouille ne se fait qu'avec le même type d'avion, dans la même configuration, sans armements actifs air sol. Si plusieurs vagues d'avions en patrouille se suivent, l'espacement entre elles est d'une minute. Lors d'un décollage en patrouille, le leader donne des indications à son équipier avec sa tête. Premier coup de tête : lâcher des freins, deuxième coup de tête, train rentré, troisième coup de tête postcombustion coupée.

LE RAVITAILLEMENT EN VOL EN MIRAGE 2000 N

En vol, les tâches incombant au pilote sont la gestion à court terme, le pilotage, la gestion des pannes, le visuel, le ravitaillement en vol, le combat, la conduite d'équipiers, la communication avec son navigateur pour la répartition des tâches, la surveillance de ce que fait l'avion en SDT et la gestion de la situation avion.

Le navigateur assure : la gestion à moyen terme et à long terme, la radio si le pilote est saturé, le calcul du pétrole, la gestion du timing, la navigation, la gestion de pannes, l'analyse de la situation tactique (autres avions, environnement, etc.), la guerre électronique et la gestion des menaces aériennes, la communication avec le pilote, la gestion air air pour le rassemblement et l'interception, la gestion du recalage des centrales à inertie. Le pilote et le navigateur peuvent se parler à tout moment, leurs conversations étant confinées à l'avion via le téléphone de bord.

Les missions des Mirage 2000 N nécessitent le ravitaillement en vol, élément indissociable de la mission nucléaire, pour permettre aux avions un élargissement de leur rayon d'action et leur projection à longue distance. Un équipage effectue 30 à 40 missions par an qui comportent un ravitaillement. L'internationalisation des coopérations militaires ont conduit à un changement des procédures avec les avions ravitailleurs, par l'application du standard OTAN. Les Boeing C-135 FR volent en boucle sur des circuits dénommés hippodromes, dont le positionnement est prédéterminé, à une altitude moyenne de 23 000 ft à la vitesse de 300 kt (280 kt avec les Boeing KC-135 américains et à 15 000 ft à 180 kt avec les Transall C-160).

Pour chaque mission de ravitaillement en vol, un Mirage 2000 N se voit imposer les horaires, les quantités de pétrole et un point d'arri-

Ci-dessus.
Un Mirage 2000 N de l'EC 2/4 « La Fayette » ravitaillant sur le « boom » du Boeing C-135 FR n° 63-8470, les deux autres Mirage 2000 N attendant leur tour en position perche gauche. (DR/collection H. Beaumont)

mage avec un ravitailleur, qui évolue dans une zone dont le niveau et le cap sont connus. Les Mirage 2000 N se présentent au ravitaillement avec une réserve en carburant variable en fonction de la distance de rejointe d'un terrain de secours qui doit pouvoir être faite

Ci-dessous.
À Luxeuil, une patrouille de quatre Mirage 2000 N de l'EC 2/4 « La Fayette » alignés en bout de piste avant un départ en mission. (DR/collection H. Beaumont)

Ci-contre.
Le Mirage 2000 N n° 310 de l'EC 3/4 « Limousin » configuré avec des bombes BDG de 250 kg aux quatre points de fuselage, des réservoirs pendulaires de 2 000 l et des missiles Magic 2 BDG, ravitaillant sur la nacelle gauche d'un C-135 FR.
(DR/collection H. Beaumont)

Ci-dessous.
Un Mirage 2000 N ravitaillant sur le « boom » d'un C-135 FR vu depuis le poste de l'opérateur de ravitaillement en vol.
(DR/collection H. Beaumont)

avec deux approches. Le radar du Mirage 2000 N permet la rejointe avec le ravitailleur, l'avion se présentant en « perche gauche » soit à l'arrière gauche du ravitailleur.

La séquence de ravitaillement est la suivante :
✔ Le pilote a le visuel sur l'avion ravitailleur : « *Clear to join* ».
✔ Arrivée par la gauche : « *Stand by* ».
✔ Le pilote annonce son numéro d'avion et la quantité à transférer demandée.
✔ Attente pré contact perche gauche : « *Clear astern* ».
✔ Contact : « *Clear contact* ».
✔ Déconnexion : « *Petrol disconnect* ».
✔ Position perche droite : « *Go reform* ».

Les avions ravitaillés reforment progressivement la patrouille en position « perche droite », soit à l'arrière droit du ravitailleur, puis demandent au contrôle l'autorisation de quitter le tanker qui l'annonce par : « *Clear to leave* ». En cas de problème l'ordre « *Break away* » est répété trois fois.

Un Mirage 2000 N consomme 30 kg/mn pendant le ravitaillement, la vitesse de transfert de carburant est de 500 kg/mn et la quantité maximale ravitaillée est de cinq tonnes, soit plus de dix minutes. Si l'avion devient lourd pendant le ravitaillement, le pilote compense par la régulation moteur ou peut dans de très rares cas solliciter une procédure toboggan en descente, pour que le Mirage 2000 N garde une vitesse constante par rapport au Boeing C-135 FR qui est dans son domaine de vol.

Ci-contre.
Un Mirage 2000 N ayant ravitaillé attendant en position perche droite son équipier en cours de ravitaillement sur le boom du C-135 FR n° 63-8470.
(DR/collection H. Beaumont)

Les Mirage 2000 N n° 313 et n° 307 trains sortis et configurés avec des réservoirs pendulaires de 2 000 l, faisant une finale en patrouille serrée avant un atterrissage. (DR/collection H. Beaumont)

LE RETOUR DE MISSION EN MIRAGE 2000 N

À l'atterrissage, le break permet de fluidifier le trafic et la régulation des atterrissages. Les avions partent au break à trois secondes d'intervalle et le toucher des roues se fait environ quatre minutes après le break. La distance d'écartement entre les avions correspond à la valeur d'une demi-piste (entre 1 200 m et 1 500 m comme au décollage), avec une vitesse de 150 kt, le dernier virage est fait à la même vitesse, le train est sorti (confirmation par les « trois vertes » et par un bip sonore) l'allumage du phare est confirmé par une observation visuelle du contrôleur.

Lorsque deux Mirage 2000 N se présentent en PS à l'atterrissage, si les conditions ne sont pas dans les normes (poids avion, configuration, vitesse du vent, etc.), l'un se pose pendant que l'autre remet les gaz et refait un circuit complet d'atterrissage. Le poser en PS se fait uniquement de jour, le n° 2 se pose en premier et en dessous du leader. Le leader annonce : « 2 à vous » pour que le n° 2 regarde devant lui, puis le leader se pose et atterrit plus long, chaque avion dans l'axe de sa demi-bande de piste.

Le toucher des roues est fait à 14° d'incidence entre 140 et 160 kt en fonction de la masse de l'avion, qui effectue un freinage aérodynamique jusqu'à 110 kt, puis la roulette touche la piste et le pilote actionne les freins. La vitesse de roulage au sol est de 15 kt. À l'atterrissage le pilote annonce : « *Marqueur (numéro avion) posé* », puis au retour de l'avion, selon les cas « *Victor OK, Romeo 1* » (problème de carburant), « *Romeo 2* » (problème de freinage), « *Romeo 3* » (problème de moteur), « *Romeo 4* » (problème de radar/brouilleur/SNA), « *Romeo 5* » (problème de CDVE), ou « *Romeo 0* » pour les autres pannes.

Avant que l'avion n'atteigne son point d'immobilisation, le mécanicien demande une première fois à l'équipage de mettre les mains sur le casque puis coupe les contacts et met les sécurités aux impulseurs des bidons et aux lance-leurres. L'avion gagne son point de stationnement guidé par les signes du mécanicien qui demande une seconde fois à l'équipage de mettre les mains sur le casque pour mettre les cales de roues. À l'arrêt le Mirage 2000 N doit être positionné pour que le tracteur TRACMA puisse rouler l'avion à l'aide d'une barre de remorquage fixée à l'avant du train auxiliaire. Le mécanicien donne alors l'autorisation de couper le moteur, ce qui ne se fait que lorsque le navigateur a fait le relevé des comptes rendus des centrales à inertie. Le pilote coupe alors les éléments électriques de l'avion, sauf la radio, coupe le moteur, les pompes à carburant, le coupe-feu et la batterie. Si l'équipage avait entrouvert les verrières en cas de forte chaleur, il les referme pour une éventuelle éjection en cas de problème de feu. Le mécanicien vérifie l'arrêt du compresseur du réacteur (durée normale de 25 secondes, si le moteur s'arrête trop vite, c'est qu'il y a un problème de frottement), puis tape sur la trappe d'oxygène pour indiquer au pilote que le compresseur est bien arrêté.

Au-dessus de la piste de Luxeuil, deux Mirage 2000 N de l'EC 1/4 « Dauphiné » au break avant d'entamer un circuit pour atterrissage. (H. Beaumont)

Ci-contre.
Le Mirage 2000 N n° 332, configuré avec des réservoirs pendulaires de 2 000 l et avec des lance-missiles Magic 2, en vol à basse altitude en approche préparatrice à son atterrissage.
(DR/collection H. Beaumont)

En très courte finale, le Mirage 2000 N n° 336 de l'EC 2/4 « La Fayette », nez décoré d'une gueule de requin, configuré avec des réservoirs pendulaires de 2 000 l, un lance-bombes d'exercice en point ventral et des lance-missiles Magic 2. *(DR/collection H. Beaumont)*

Ci-dessus.
Quelques secondes avant le toucher des roues, le Mirage 2000 N n° 364 de l'EC 2/3 « Champagne » configuré avec des réservoirs pendulaires de 2 000 l et des lance missiles d'exercice Magic 2. *(J.L. Brunet)*

Le mécanicien fait ensuite un tour avion pour vérifier l'absence de fuites, l'état général de l'avion, notamment celui des bidons : état des ailettes stabilisatrices, des dispositifs de largage, des dispositifs de rotation arrière et l'absence d'impact volatile (cause des bosses sur les bidons, dont la tolérance maximale est de 12 mm en fonction de l'endroit et de la circonférence de l'impact). Les échelles sont placées pour la descente de l'avion, le mécanicien remet en place les sécurités de chaque siège éjectable. Lorsque le pilote a récupéré la cassette vidéo HI 8 qui a enregistré tous les paramètres de vol affichés sur le VTH et le navigateur le MIP et la MBM, ils quittent l'avion et signalent au mécanicien d'éventuels problèmes, pannes ou dysfonctionnements.

S'en suivent les opérations de remise en œuvre immédiate de l'avion, notamment son plein de carburant, puis l'avion peut être déplacé vers un autre point de stationnement (hangarette, hangar de maintenance ou parking). Pendant le déplacement de l'avion, un mécanicien prend place dans le poste pilote pour pouvoir freiner en cas de besoin et actionne les commandes hydrauliques afin d'avoir de la pression. Quant à l'équipage il va débriefer la mission pour l'analyser, en s'appuyant sur le SRM (Système de Restitution de Mission).

Ci-contre.
Le Mirage 2000 N n° 319 de l'EC 1/4 « Dauphiné » à l'atterrissage à Luxeuil, configuré avec des réservoirs pendulaires de 2 000 l. *(H. Beaumont)*

Ci-dessous.
Le Mirage 2000 N n° 343 portant l'insigne de l'EC 1/4 « Dauphiné » sur sa dérive, au retour d'une mission d'entraînement regagnant son point de stationnement.
(H. Beaumont)

1. De retour de mission, les mécaniciens mettant en place les échelles pour l'équipage d'un Mirage 2000 N. *(H. Beaumont)*

2. Arrivé à son point de stationnement, l'équipage du Mirage 2000 N n°345 se voyant demander les mains au casque par le mécanicien pour qu'il puisse couper les contacts et mettre les sécurités aux impulseurs des bidons et des lance-leurres. *(H. Beaumont)*

3. Au retour d'un Mirage 2000 N à son point de stationnement, un équipage et deux mécaniciens attendant l'arrêt du compresseur du moteur. *(H. Beaumont)*

4. Dans une marguerite à Luxeuil, plein de carburant et remise en œuvre pour le Mirage 2000 N n°333 de l'EC 1/4 «Dauphiné», avec un mécanicien vérifiant les élevons. *(H. Beaumont)*

LA MAINTENANCE DES MIRAGE 2000 N

La mission de dissuasion nucléaire des FAS impose par le « contrat de posture » une disponibilité permanente des avions. Cette donnée est suivie en temps réel par le COFAS, qui connaît en temps réel l'état de disponibilité de la flotte des Mirage 2000 N, des Rafale standard F3 et des Boeing C-135 FR. Les ESTA (Escadron de Soutien Technique Aéronautique) ont pour mission la préparation des avions pour les missions prévues, les réparations de pannes constatées et la maintenance technique des avions et de leurs emports. Cette maintenance programmée cadence les NTI (Niveau Technique d'Intervention) principalement répartis entre :

✔ La VG (Visite Graissage) tous les six mois, pour le graissage des équipements, pendant une durée d'une semaine,

✔ La VI (Visite Intermédiaire), tous les douze mois, pendant une durée d'un mois,

✔ La VP (Visite Périodique) tous les trois ans, pendant une durée d'un mois,

✔ La GV (Grande Visite) tous les neuf ans, soit un entretien majeur à l'AIA (Atelier Industriel de l'Air) de Clermont-Ferrand, pendant une durée de six mois.

Pour les entretiens importants, les moteurs M 53-P2 sont convoyés à Luxeuil ou à Orange qui disposent d'unités spécialisées.

Un Mirage 2000 N effectue une moyenne de 300 heures de vol par an, chaque heure de vol de Mirage 2000 N nécessite huit à neuf heures d'entretien. Un escadron doit disposer d'une moyenne quotidienne de dix avions en état de vol pour assurer l'entraînement des équipages.

Ci-dessus, à droite.
Le hall de maintenance de l'EC 3/4 « Limousin » avec les Mirage 2000 N n° 367 et n° 359 en phases d'entretien. *(H. Beaumont)*

Ci-contre.
Dans un hall de maintenance à Luxeuil, recul du moteur SNECMA M 53 P2 d'un Mirage 2000 N à l'aide d'un chariot-moteur. *(H. Beaumont)*

Ci-dessous.
Le Mirage 2000 N n° 364 de l'EC 2/4 « La Fayette » en cours d'entretien. *(H. Beaumont)*

53

LES ESCADRONS DE MIRAGE 2000 N

Ci-dessus.
Vol en formation des Mirage 2000 N n° 329, n° 330 et n° 319 portant chacun l'insigne d'une des trois escadrilles de l'escadron 1/4 « Dauphiné », tous configurés avec des réservoirs pendulaires de 2 000 l. *(DR/collection H. Beaumont)*

Ci-dessus, à droite.
Le Mirage 2000 N n° 340 de l'EC 1/4 « Dauphiné » en altitude, configuré avec un réservoir pendulaire ventral RP 629 de 1 300 l et avec des lance-roquettes LRF 4 aux points internes sous voilure. *(DR/collection H. Beaumont)*

ESCADRON DE CHASSE 1/4 « DAUPHINÉ »,

Stationné sur la base aérienne 116 de Luxeuil Saint-Sauveur.
Insignes :
Escadron : Blason de la province.
1re Escadrille : SPA 37 « Vautour charognard »,
2e Escadrille : SPA 81 « Lévrier »,
3e Escadrille : SPA 92 « Lion de Belfort ».
Indicatif radio : « Ressac ».
Codes des Mirage 2000 N : 4-AA, 4-AB,…
A partir de février 2009 : 116-AA, 116-AB,…

Rattaché à la 4e Escadre de Chasse dépendant de la FATac 1re RA (Région Aérienne), l'EC 1/4 débuta sa transformation sur Mirage 2000 N au début de 1988 au CEAM (Centre d'Expériences Aériennes Militaires) à Mont-de-Marsan, les premiers Mirage 2000 N arrivant à Luxeuil Saint-Sauveur le 30 mars 1988. Le 1er TEF eut lieu le 19 mai 1988 au CEL, l'escadron étant déclaré opérationnel au 1er juillet, avec sa première prise d'alerte opérationnelle le 12 juillet. Par son expérience acquise avec le Mirage 2000 N, l'EC 1/4 « Dauphiné » assura la transformation de l'EC 2/4 « La Fayette » à partir de septembre 1988. À compter du deuxième semestre 1989, l'EC 1/4 fut équipé de Mirage 2000 Nk2, ses Mirage 2000 Nk1 étant transférés à l'EC 3/4. Dans le cadre de la réorganisation de l'Armée de l'Air et lors du rattachement de la 4e Escadre de Chasse aux FAS, l'EC 1/4 hérita de sa 3e Escadrille, la SPA 92, en date du 1er septembre 1991.

Dans le cadre de la résolution 836 des Nations Unies sur la Bosnie Herzégovine, deux équipages de l'EC 1/4 « Dauphiné » furent intégrés à l'EC 2/3 « Champagne » dès juillet 1994 pour préparer le détachement de l'escadron à Cervia, en Italie, pour l'opération « Crécerelle ». L'EC 1/4 « Dauphiné » y assura la présence française en septembre 1994, puis en juin 1995. Pour symboliser la transmission de la mission ASMP des Mirage IV P, une mission de longue distance vers l'Islande fut menée le 18 juin 1996 par un Mirage IV P et deux Mirage 2000 N, avec l'appui de trois C-135 FR. Au 1er juillet 1996, l'escadron reprit officiellement la mission de frappe nucléaire stratégique des Mirage IV P. L'EC 1/4 présentait la particularité de stationner dans sa propre zone d'alerte située en bout de piste.

Dans le cadre de l'évolution des FAS, avec la montée en puissance du système d'armes Rafale B standard F3/ASMP-A, l'EC 1/4 a été dissous le 29 juin 2010.

Ci-dessous.
Dans sa hangarette, un Mirage 2000 N non codé portant sur sa dérive l'insigne de la SPA 37 de l'EC 1/4 « Dauphiné », configuré avec une maquette du missile ASMP, des réservoirs pendulaires de 2 000 l et des missiles d'exercice Magic 2.
(DR/collection H. Beaumont)

1. Les Mirage 2000 N n° 318 et 311 en vol à basse altitude pour une approche en vue d'un atterrissage imminent à Luxeuil, configurés avec des réservoirs pendulaires de 2 000 l et des lance-missiles Magic 2. *(DR/collection H. Beaumont)*
2. Le Mirage 2000 N n° 356 de l'EC 2/4 « La Fayette » en vol à basse altitude, configuré avec des réservoirs pendulaires de 2 000 l et une nacelle de restitution de paramètres MATRA NECA. *(DR/collection H. Beaumont)*
3. Le Mirage 2000 N n° 311 de l'EC 2/4 « La Fayette » au départ d'une mission d'entraînement au bombardement, configuré avec des réservoirs pendulaires de 2 000 l et avec des bombes d'exercice BAP 100 sous lance-bombes en point ventral.
(DR/collection H. Beaumont)
4. Le Mirage 2000 N n° 341 au roulage pour rejoindre la piste de Luxeuil, configuré avec des réservoirs pendulaires de 2 000 l et des lance-missiles Magic 2.
(DR/collection H. Beaumont)
5. Le Mirage 2000 N n° 351 à Cervia, le 21 novembre 1994, avant la mission sur l'aéroport d'Udbina, configuré avec des bombes BDG de 250 kg aux points de fuselage, des réservoirs pendulaires de 2 000 l et des missiles Magic 2 BDG.
(DR/collection H. Beaumont)

ESCADRON DE CHASSE 2/4 « LA FAYETTE »

Stationné sur la base aérienne 116 de Luxeuil Saint-Sauveur.
Insignes :
Escadron : Armoiries du marquis de La Fayette et blason avec les trois escadrilles.
  1re Escadrille : N 124 « Tête de Sioux »,
  2e Escadrille : SPA 167 « Cigogne de Romanet »,
  3e Escadrille : SPA 160 « Diable Rouge ».
Indicatif radio : « Requin ».
Codes des Mirage 2000 N : 4-BA, 4-BB,...
A partir de février 2009 : 116-BA, 116-BB,...

Après la transformation des personnels à l'EC 1/4 débutée en septembre 1988, l'EC 2/4 fut déclaré opérationnel sur Mirage 2000 N le 1er juillet 1989. De septembre 1989 à juin 1990, l'EC 2/4 assura la transformation des équipages de l'EC 3/4 « Limousin » et au 1er septembre 1991 il reçut sa 3e escadrille, la SPA 160, lors du rattachement de la 4e Escadre de Chasse aux FAS.

Fin octobre 1994, un détachement de l'EC 2/4 « La Fayette » rejoignit Cervia pour relever l'EC 1/4 « Dauphiné » dans le cadre de l'opération « Crécerelle ». Il avait été décidé que seuls les équipages se remplaceraient pour préserver le potentiel des avions. Le 21 novembre 1994, dans le cadre de l'opération « Crécerelle » en Bosnie-Herzégovine, deux équipages du « La Fayette » décollèrent avec les Mirage 2000 N n° 351 (code 4-AQ) et n° 368 (code 4-AR), le n° 349 (code 4-AO) étant l'avion « spare » (en réserve), pour une mission de bombardement sur l'aérodrome d'Udbina. Les Mirage 2000 N étaient configurés avec des réservoirs pendulaires de 2 000 l, avec quatre bombes Mk 82 de 500 lb et avec deux missiles Magic 2 BDG.

Au 1er juillet 1996, l'escadron reprit officiellement la mission nucléaire stratégique des Mirage IV P. Pour renforcer le dispositif de l'opération « Harmattan », les Mirage 2000 N n° 304 (code 116-CA), 305 (code 116-CS), 343 (code 116-AH) et 347 (code 116-BM), ont rejoint le 6 mai 2011 la base crétoise de Souda en Grèce dans le cadre de la résolution 1973 des Nations Unies sur la libye autorisant le recours de la force contre le régime du colonel Kadhafi. Les avions opérationnels à partir du 9 mai assurent des missions d'attaque au sol. Avec l'évolution des FAS par la montée en puissance du système d'armes Rafale B standard F3/ASMP-A, l'EC 2/4 « La Fayette » sera dissous à Luxeuil dans sa forme actuelle le 30 août 2011, ses traditions étant transférée à Istres au 1er septembre 2011. Il sera alors la dernière unité à mettre en œuvre le système d'armes Mirage 2000 Nk3/ASMP-A et assurera la mission de dissuasion nucléaire jusqu'à l'horizon 2018, lorsqu'un second escadron nucléaire équipé de Rafale standard F3/ASMP-A sera opérationnel.

1. Le Mirage 2000 N n° 306 de l'EC 3/4 « Limousin » en vol à moyenne altitude, configuré avec des réservoirs pendulaires de 2 000 l et des lance-missiles Magic 2. *(DR/collection H. Beaumont)*
2. Le Mirage 2000 N n° 327 de l'EC 3/4 « Limousin » en cours de ravitaillement en vol, configuré avec une maquette de missile ASMP en point ventral, des réservoirs pendulaires de 2 000 l et un missile d'exercice Magic 2. *(A. Paringaux)*
3. Le Mirage 2000 N n° 372 à Mont-de-Marsan, configuré avec une maquette de missile ASMP en point ventral, des réservoirs pendulaires de 2 000 l et des lance-missiles Magic 2. *(H. Beaumont)*
4. Le Mirage 2000 N n° 304 de l'EC 3/4 « Limousin » en finale à l'atterrissage, configuré avec des réservoirs pendulaires de 2 000 l et des lance-missiles Magic 2. *(A. Auguste)*

ESCADRON DE CHASSE 3/4 « LIMOUSIN »

Stationné sur la base aérienne 125 d'Istres Le Tubé.
Insignes :
Escadron : Blason avec les trois escadrilles.
1re Escadrille : 1.GC 1/9 « Aigle »,
2e Escadrille : 2.GC 1/9 « Fennec »,
3e Escadrille : SPA 96 « Le gaulois ».
Indicatif radio : « Ramex ».
Codes des Mirage 2000 N : 4-CA, 4-CB,…
A partir de février 2009 : 125-CA, 125-CB,…

Héritier des traditions de l'EC 4/7 « Limousin », l'EC 3/4 fut créé le 1er août 1989 à Luxeuil, débuta sa transformation à l'EC 2/4 de septembre 1989 à juin 1990, puis fut transféré à Istres en juin 1990 pour y être déclaré opérationnel le 1er juillet de la même année. Le 1er septembre 1991, lors du rattachement aux FAS de la 4e Escadre de Chasse, l'EC 3/4 reçut sa 3e escadrille, la SPA 96. La position géographique d'Istres, à proximité de la mer Méditerranée, a favorisé l'entraînement régulier à TTBA/TGV sur l'eau (150 ft/600 kt) et la participation à des exercices ADEX (Air Defense EXercise) organisés par la Marine Nationale pour l'attaque de bateaux, ce qui valut à l'escadron le surnom de « Pirates ».

A partir de décembre 1994, un détachement participa à l'opération « Crécerelle » en Bosnie. Au 1er juillet 1996, à l'instar des EC 1/4 et 2/4, l'escadron reprit la mission de frappe nucléaire stratégique des Mirage IV P.

Désigné pour mettre en œuvre du système d'armes Mirage 2000 Nk3/ASMP-A, l'escadron fut déclaré opérationnel au 1er octobre 2009 après une importante adaptation. La réorganisation des FAS aura pour conséquence la dissolution de l'EC 3/4 le 1er septembre 2011, date à laquelle l'EC 2/4 « La Fayette » s'installera dans ses locaux à Istres.

L'OPÉRATION « TOPAZE »

Le premier tir opérationnel d'un missile ASMP-A par les FAS entrait dans le cadre d'un TEF qui a nécessité un an de préparation avec l'implication de nombreuses entités parmi lesquelles la DGA, Dassault Aviation, le CFAS, le COFAS, MBDA, le CEA et le CEL. Ce tir de validation du système constitua une mise en œuvre opérationnelle complète.

Le 23 novembre 2010, l'équipage décolla d'Istres avec le Mirage 2000 N n° 367, code 125-AW, indicatif radio « Ramex 10 ». Le pilote témoigne : « *Le tour avion que nous avons effectué nous a fait ressentir une grande fierté, nous avions toute confiance dans le succès de l'opération, c'était l'aboutissement de la mise en place opérationnelle de l'ASMP-A pour l'escadron* ». L'avion était en configuration de guerre avec un missile ASMP-A à tête inerte (équipé d'instrumentations de mesures), deux bidons pendulaires de 2 000 l et deux missiles d'exercice Magic 2.

Le Mirage 2000 N n° 350, code 125-AJ, indicatif radio « Ramex 11 » accompagna l'avion tireur tout au long de la mission, en volant plus bas à un kilomètre en arrière, pour l'observation, l'assistance et la capacité à confirmer la séparation du missile avec l'avion. La mission d'une durée de cinq heures comportait un vol à haute altitude avec trois ravitaillements en vol avec le Boeing C-135 FR n° 62 12737 du GRV (Groupe de Ravitaillement en Vol) 2/91 « Bretagne » (code 93-CI, indicatif radio « Marcotte 300 »), sur lequel les deux Mirage 2000 N prirent un total de vingt tonnes de pétrole, une percée à basse altitude, le tir du missile en milieu d'après-midi au CEL, puis un atterrissage à Mont-de-Marsan pour la restitution des données enregistrées par le missile.

Le pilote poursuit : « *Nous avons senti l'éjection de l'ASMP-A, l'avion est monté légèrement le temps que le calculateur compense, puis nous avons entendu la mise à feu qui a fait une forte détonation une à deux secondes après l'éjection. Alors que j'effectuais une évasive selon la procédure — pour s'éloigner du missile — avec un break à droite sous 5,5 G, nous avons vu le missile et sa longue flamme très impressionnante. Il est très gratifiant pour chacun de voir que le jour où l'on appuie sur le bouton, tout fonctionne parfaitement, comme l'impose notre mission* ».

Ci-dessus.
En vol en haute altitude, le Mirage 2000 N n° 305 configuré avec une maquette de missile ASMP et des réservoirs pendulaires de 2 000 l, et le Mirage 2000 N n° 327 configuré avec une maquette de bombe Mk 84 de 2 000 lb et des réservoirs pendulaires de 2 000 l, tous deux affectés à l'EC 3/4 « Limousin ». *(CFAS)*

LES CARACTÉRISTIQUES DU MISSILE ASMP-A

Longueur : environ 5 m
Longueur de la tête : 1,50 m
Diamètre : ?
Envergure avec les entrées d'air : ?
Envergure avec les gouvernes : ?
Masse totale : environ 900 kg
Masse de la partie avant : ?
Masse de l'installation de tir IT 772 : 186 kg
Vitesse : Mach 3 +
Portée en basse altitude : ?
Portée en haute altitude : ?
Charge militaire : TNA (Tête Nucléaire Aéroportée),
Puissance nominale : ?
Comparé à l'ASMP, l'ASMP-A a une enveloppe similaire, mais présente des améliorations notables :
✔ domaine de tir élargi en haute et en basse altitude,
✔ diversité augmentée des modes de pénétration,
✔ portée, précision et puissance accrues,
✔ meilleure souplesse d'emploi,
✔ sûreté nucléaire optimisée.
Ces progrès reposent sur l'emploi de matériaux et d'équipements plus performants, notamment une nouvelle centrale à inertie. Les quantités de missiles commandés à MBDA (Matra British Aerospace Engineering Dynamics Alenia) et de TNA produites par le CEA constituent des données confidentielles.

ESCADRON DE CHASSE 2/3 « CHAMPAGNE »

Stationné sur la base aérienne 133 de Nancy Ochey.
Insignes :
Escadron : Blason de la province avec les insignes des trois escadrilles.
1re Escadrille : SPA 67 « Cigogne de Navarre »,
2e Escadrille : SPA 75 « Charognard doré »,
3e Escadrille : SPA 102 « Soleil de Rhodes ».
Indicatif radio : « Condé ».
Codes des Mirage 2000 N : 3-JA, 3-JB,…

Dans l'attente des premières livraisons de Mirage 2000 D prévues début 1993, la FATac se vit attribuer des Mirage 2000 Nk2 pour remplir ses missions d'assaut conventionnel air-sol avec des armements classiques. Les performances du Mirage 2000 N et sa capacité de ravitaillement en vol constituèrent une importante amélioration de la capacité de projection de l'escadron. Les derniers Mirage III E de l'EC 2/3 volèrent jusqu'en décembre 1990, date à laquelle la transformation des personnels de l'escadron sur Mirage 2000 Nk2 débuta au sein des EC 1/4 et 2/4, puis après avoir perçu ses premiers Mirage 2000 N en juillet 1991 (premier vol d'un Mirage 2000 N avec les insignes des SPA 67 et SPA 75 le 1er juillet), l'EC 2/3 retourna à Nancy en août. Le 3 avril 1992, l'escadron reçut sa 3e escadrille, la SPA 102. A partir de mars 1994, l'EC 2/3 « Champagne » participa à l'opération « Crécerelle » déclenchée sous mandat des Nations Unies, en assurant une permanence opérationnelle sur la base de Cervia. Le 30 août 1995, au cours d'une mission strike, le Mirage 2000 N n° 346,

Ci-dessus, de haut en bas.
Le Mirage 2000 N n° 364 de l'EC 2/3 « Champagne » à Nancy en configuration lisse. *(J.L. Brunet)*

Les Mirage 2000 N n° 355 et n° 358 de l'EC 2/3 « Champagne » au point fixe avant un décollage en patrouille serrée, configurés avec des bombes de 250 kg aux points de fuselage, des réservoirs pendulaires de 2 000 l et des lance-missiles Magic 2. *(J.L. Brunet)*

Les Mirage 2000 n° 367 et 353 de l'EC 2/3 « Champagne » prêts à la mise en route à Cervia pour une mission de guerre au-dessus de la Bosnie-Herzégovine, configurés avec des bombes BDG de 250 kg aux points de fuselage, des réservoirs pendulaires de 2 000 l et des missiles Magic 2 BDG. *(J.L. Brunet)*

Ci-dessous.
Le Mirage 2000 N n° 367 de l'EC 2/3 « Champagne » à l'atterrissage, configuré avec des réservoirs pendulaires de 2 000 l, des pylônes de bombes aux points de fuselage et avec des lance-missiles Magic 2. *(J.L. Brunet)*

Ci-dessus.
Le Mirage 2000 N n° 362 de l'EC 2/3 « Champagne », premier d'un alignement de dix Mirage 2000 N, configuré avec un réservoir ventral RPL 552 de 1 300 l et des lance-missiles Magic 2. *(J.L. Brunet).*

code 3-JD, fut touché par la défense antiaérienne non loin de Pale. L'équipage qui avait réussi s'éjecter fut fait prisonnier par les Serbes, puis fut finalement libéré le 13 décembre 1995.

Après une adaptation de ses infrastructures et sa transformation pour le Mirage 2000 D débutée en juin 1996, l'EC 2/3 « Champagne » transféra progressivement ses Mirage 2000 N vers les unités des FAS, son passage définitif sur Mirage 2000 D datant de juin 1998.

CITAC 339 (CENTRE D'INSTRUCTION TACTIQUE)

Stationné sur la base aérienne 116 de Luxeuil Saint Sauveur du 1er juillet 1988 au 5 mars 2001, puis CITAC 339 « Aquitaine », du 5 mars 2001 au 30 juin 2006.
Insignes :
Escadron : « Chauve-souris sur globe terrestre » puis, à partir du 5 mars 2001 : insigne de l'Escadron de Bombardement 2/92 « Aquitaine » combinant les deux escadrilles :
1re Escadrille : 4B3 « Chouette sur croissant »,
2e Escadrille : GB I/25 « Bison sur globe ».
Indicatif radio : « Vista ».
Codes des avions : 339-WA, 339-WB,...
Puis à partir du 1er juillet 1992 : 339-JA, 339-JB,...

Originellement désigné CPR (Centre de Prédiction Radar) 4/116 à sa création en juillet 1967, l'unité avait pour mission la formation des pilotes de Mirage III E à la navigation à basse altitude avec les images radar. À l'occasion de la dotation à l'unité de Mystère 20-SNA (Système de Navigation et d'Attaque), elle fut renommée CPIR 339 (Centre de Prédiction et d'Instruction Radar) en mars 1969, puis CITAC 339 en 1988.

Pour la formation opérationnelle des équipages de Mirage 2000 N, le CITAC 339 disposa à partir d'août 1987 de Mystère 20-SNA 2000 N : le n° 309 « Étoile du Berger », code 339-WP (détruit le 2 décembre 1991 à la suite d'un problème de givrage des réacteurs à Élancourt lors d'une finale sur Villacoublay, tuant les quatre membres d'équipage), complété, à compter du 1er avril 1989 par le n° 348 « L'œil des Grées », code 339-WO puis 339-JI. Ces Mystère 20 étaient équipés d'un SNA 2000 N avec, en place droite, un poste pilote, et à l'arrière un poste navigateur. À partir de 1989, en remplacement des Fouga Magister aux performances limitées, la capacité du CITAC 339 fut renforcée par la dotation de quatre Jaguar E (E pour « Entraînement ») biplaces permettant la familiarisation avec le vol et la navigation à très basse altitude, ainsi que le « vieillissement » des navigateurs nouvellement brevetés pour leur apprendre le travail du navigateur en escadron de chasse, notamment avec le vol et la navigation à très basse altitude.

En octobre 1988 l'unité mit en œuvre un simulateur de vol et de missions Thomson CSF pour l'initiation, la formation et l'entraînement des équipages Mirage 2000 N, permettant la simulation des missions de guerre, de navigation, de mise en œuvre du SNA, de GE, de gestion de CME, de pannes et de VSV (Vols Sans Visibilité).

À la date du 1er juillet 1992, le CITAC 339 fut rattaché aux FAS, puis fut dissous le 1er juillet 2006, sa mission étant aussitôt reprise par le CFEN.

CENTRE DE FORMATION DES EQUIPAGES MIRAGE 2000 N (CFEN)

Stationné sur la base aérienne 116 de Luxeuil Saint-Sauveur.
Insignes :
Escadron : « Pygargue à bombes rouges », hérité du CIB 328 (Centre d'Instruction de Bombardement), puis du CIFAS 328 (Centre d'Instruction des Forces Aériennes Stratégiques).
Indicatif radio : « Vista ».

Le CFEN, créé en juillet 2006 en remplacement du CITAC 339 « Aquitaine », a la responsabilité de la formation des équipages sur Mirage 2000 N. L'unité, rattachée administrativement à l'Escadron de Chasse 2/4 « La Fayette », met en œuvre six moniteurs simulateurs et n'a pas d'avion attribué en propre.

Ci-contre, de haut en bas.
Le Mystère 20 SNA 2000 N n° 309 « Étoile du berger ». *(E. Desplaces)*

Le Mystère 20 SNA 2000 N n° 348 « L'œil des Grées » à l'atterrissage à Luxeuil. *(H. Beaumont)*

Le Jaguar E n° 35 du CITAC 339 en configuration lisse. *(E. Desplaces)*

Le centre, dont la mission première est la formation de stagiaires, comprend six PN (Personnel Navigant) et accueille les pilotes et les navigateurs pour une formation Mirage 2000 N, qui dure cinq mois pour un pilote (déjà transformé sur Mirage 2000 à Orange) et sept mois pour un navigateur, au rythme de quatre équipages par an.

Le cursus au CFEN est de vingt-quatre vols pour un pilote, pendant lesquels sont intégrés le vol à basse altitude, la navigation, les différentes phases de vol, le SDT de jour et de nuit, la gestion du système de navigation et le combat à deux avions. Un navigateur effectue 30 à 40 vols pour se former au Mirage 2000 N : navigation, systèmes radar et hors radar, gestion du SDT, apprentissage jour/nuit, combat et ravitaillement en vol. Les équipages apprennent toutes les phases du vol sur Mirage 2000 N avec uniquement une instruction sur la partie technique de l'interface ASMP-A, la formation opérationnelle relevant des escadrons. En revanche la formation est spécifique à la mission nucléaire : ravitaillement en vol, pénétration à TBA, suivi de terrain tout temps et simulation de tir ASMP-A, uniquement au simulateur avec une configuration Mirage 2000 Nk3.

Un pilote ou un navigateur obtient sa qualification opérationnelle au bout d'un an. Une transformation difficile peut conduire les PN à subir un CP (Conseil de Progression) qui analyse leur situation, soit en leur donnant une seconde chance, soit en les orientant vers d'autres branches.

La seconde mission du CFEN est le renouvellement des cartes pour les pilotes, ce qui leur impose notamment une simulation de « poser avion » avec un appareil très dégradé en conditions météo très difficiles (en cas d'échec, un pilote repasse le test avec un pilote en place arrière). En complément à la transformation, le CFEN forme les stagiaires à l'esprit escadron, en leur permettant une intégration facile, tout en les rendant autonomes dans leur prise de responsabilités. Au cours de l'année 2011, le CFEN sera déplacé à Istres.

Aux origines, la dissuasion française reposait sur le concept du faible au fort : une force de frappe autonome, capable d'engager ses vecteurs nucléaires contre un adversaire beaucoup plus puissant et mieux armé, mais en lui infligeant de terribles dommages. Ce concept a été dépassé par l'évolution des données géopolitiques, par la fin de la guerre froide, qui ont modifié la nature des cibles potentielles par la diversité accrue des menaces et par la prolifération nucléaire. Pour autant, les fondements de la dissuasion nucléaire française demeurent intangibles : la volonté d'indépendance, le maintien de la paix et la préservation des intérêts vitaux du pays, qui s'inscrivent dans la continuité de la politique de la France depuis 1964. Dans les années à venir, les Forces Aériennes Stratégiques continueront à assurer cette mission sans faille, par la mise en œuvre conjointe de deux unités équipées de missiles thermonucléaires ASMP-A : l'Escadron de Chasse 1/91 « Gascogne » avec ses Rafale B standard F3/ASMP-A, et l'Escadron de Chasse 2/4 « La Fayette » avec ses Mirage 2000 Nk3/ASMP-A, en bénéficiant de l'indispensable soutien des Boeing C 135 FR du GRV 2/91 « Bretagne ».

À l'horizon 2018, les Mirage 2000 Nk3 seront remplacés par des Rafale B standard F3, ils auront à cette date rempli leurs missions au service de la France pendant la durée remarquable de trente années de service.

Ci-dessus, à gauche.
Le Mirage 2000 N n° 337 portant l'insigne du CFEN sur sa dérive au retour d'une mission d'entraînement à Luxeuil ; il était configuré avec des réservoirs pendulaires de 2 000 l et des missiles d'exercice Magic 2.
(H. Beaumont)

Ci-dessus, à droite.
Vol en patrouille serrée d'un Rafale standard F3/ASMP-A configuré avec des réservoirs pendulaires de 2 000 l et des missiles d'exercice MICA, accompagné par un Mirage 2000 N, configuré avec une maquette de missile ASMP-A, des réservoirs pendulaires de 2 000 l et des missiles d'exercice Magic 2.
(CFAS)

Ci-contre.
Le Mirage 2000 N n° 362 de l'EC 3/4 « Limousin » configuré avec une maquette du missile ASMP-A, des réservoirs pendulaires de 2 000 l et des missiles d'exercice Magic 2.
(CFAS/Sirpa Air C. Amboise)

LES ACCIDENTS GRAVES DE MIRAGE 2000 N

- **17 mai 1990** : EC 2/4 « La Fayette », n° 321, 4-BJ. Collision volatile à 500 ft/450 kt vers Carcassonne. Deux éjections réussies.
- **9 avril 1991** : EC 3/4 « Limousin », n° 328, 4-CN. Abordage avec un hélicoptère Lynx de la flottille 34 F affecté au bâtiment *De Grasse*, au Montsineyre, dans le Puy-de-Dôme. Huit occupants de l'hélicoptère et équipage tué.
- **7 octobre 1992** : EC 2/3 « Champagne » n° 352, 3-JA. Collision sol en vol à TBA dans le Massif Central par de très mauvaises conditions météorologiques. Équipage tué.
- **30 août 1995** : EC 2/3 « Champagne » n° 346, 3-JD. Touché par la défense anti-aérienne à proximité de Pale, en Bosnie. Deux éjections réussies, équipage capturé puis libéré le 13 décembre 1995.
- **19 janvier 1996** : EC 3/4 « Limousin » n° 324, 4-CL. Confronté à des problèmes de moteur, deux éjections réussies à proximité d'Istres, l'avion se posa seul sur le ventre, fut réparé et remis en ligne quelques années plus tard.
- **7 avril 1997** : EC 3/4 « Limousin », n° 302, 4-CA. Abordage avec le n° 308 au large de Port Leucate, dans les Pyrénées Orientales. Deux éjections réussies.
- **7 avril 1997** : EC 3/4 « Limousin », n° 308, 4-CD. Abordage avec le n° 302 au large de Port Leucate dans les Pyrénées Orientales. Deux éjections réussies.
- **15 juillet 1998** : EC 2/4 « La Fayette » n° 347, 4-BT. Rupture d'une pompe d'alimentation en carburant entraînant une fuite majeure à proximité de Dijon. Deux éjections réussies.
- **9 juin 2004** : EC 2/4 « La Fayette », n° 318, 4-BP. Perche cassée lors d'un ravitaillement en vol, gland de la perche ingéré par le réacteur au large de Gruissan/Narbonne. Deux éjections réussies.
- **23 août 2004** : EC 3/4 « Limousin », n° 362, 4-CU. Abordage avec un ULM dont les deux occupants furent tués, à l'est de Thiers dans le Puy-de-Dôme, l'avion put se poser à Clermont-Ferrand. Équipage sauf.
- **12 juillet 2007** : EC 1/4 « Dauphiné », n° 337, code 4-AK. Abordage avec un ULM dont le pilote fut tué, à Etrigny près de Tournus en Saône et Loire, l'avion put se poser à Dijon la dérive partiellement sectionnée. Équipage sauf.
- **12 février 2008** : EC 2/4 « La Fayette », n° 315, 4-BF. Ingestion d'éléments du panier lors d'un ravitaillement en vol, échec du déroutement vers Cognac. Deux éjections réussies au large du phare de Cordouan et de l'estuaire de la Gironde.
- **11 juin 2008** : EC 2/4 « La Fayette », n° 363, 4-BK. Problème de débit de carburant à Laurenan, dans les Côtes d'Armor. Deux éjections réussies.
- **1er mars 2011** : EC 2/4 « La Fayette », n° 309, 116-AO. Collision sol en vol de nuit à TBA dans de très mauvaises conditions météorologiques à Saint-Oradoux près Crocq dans la Creuse. Équipage tué.

Le prototype Mirage 2000 N 01 sans perche de ravitaillement en vol, emportant des réservoirs pendulaires de 1 700 l et des maquettes de missile MATRA Magic 2.

Le prototype Mirage 2000 N 02 sans perche de ravitaillement en vol, configuré avec des réservoirs pendulaires de 1 700 l et une maquette d'essais du missile ASMP. Comme le veut la tradition chez Dassault, les mécaniciens avaient peint sur l'avant du fuselage les insignes d'escadrilles auxquels avait appartenu l'équipage responsable du développement de l'avion : ici la SPA 153 de l'Escadron de Chasse 1/3 « Navarre » « Gypaète » et la C56 de l'Escadron de Bombardement 3/93 « Sambre » « Scarabée vert ».

Le Mirage 2000 N n° 304, dépourvu de lance-paillettes aux emplantures arrière des ailes, configuré avec des réservoirs pendulaires de 2 000 l et des missiles MATRA Magic 2 BDG. L'avion portait sur sa dérive l'insigne du CEAM auquel il fut rapidement affecté après livraison, comme les n° 301, 302 et 303 pour des essais de développement de standards.

Le Mirage 2000 N n° 342 affecté à l'EC 1/4 « Dauphiné », portant l'insigne de la SPA 37 sur sa dérive, configuré avec une maquette du missile ASMP sous LM 770 en point ventral et avec des lance-missiles Magic 2.

Le Mirage 2000 N n° 314 portant l'insigne de l'EC 1/4 « Dauphiné » à deux escadrilles sur sa dérive, en configuration de guerre avec des réservoirs pendulaires de 2 000 l et avec des missiles MATRA Magic 2 BDG. Son numéro en fit naturellement l'avion des commandants d'escadron.

Le Mirage 2 000 N n° 355 de l'EC 1/4 « Dauphiné », portant l'insigne de la province sur sa dérive, emportant des réservoirs pendulaires de 2 000 l et des missiles Magic 2 BDG.

Le Mirage 2 000 N n° 371 de l'EC 1/4 « Dauphiné », portant l'insigne de la SPA 81 sur sa dérive, en camouflage sable pour sa participation à un exercice « Red Flag », configuré avec des réservoirs pendulaires de 2 000 l et des missiles d'exercice Magic 2.

Le Mirage 2 000 N n° 330, de l'EC 1/4 « Dauphiné » portant l'insigne de la SPA 92 sur sa dérive, configuré avec des réservoirs pendulaires de 2 000 l et avec des lance-missiles MATRA Magic 2.

61

Le Mirage 2000 N n°322 de l'EC 1/4 «Dauphiné» portant sur sa dérive l'insigne de la SPA 92 configuré avec des réservoirs pendulaires de 2 000 l, avec le marquage de dérive et le numéro de base aérienne en vigueur dans l'Armée de l'Air depuis 2006 et février 2009. La trappe d'accès aux équipements électriques sur le fuselage porte des traces de ruban adhésif, parfois appliqué sur les avions stationnés en extérieur pour éviter les effets de l'humidité.

Le Mirage 2 000 N n°319 de l'EC 2/4 «La Fayette», portant sur sa dérive l'insigne d'escadron à deux escadrilles, emportant des réservoirs pendulaires de 2 000 L et des missiles MATRA Magic 2 BDG.

Le Mirage 2 000 N n°354 de l'EC 2/4 «La Fayette» portant l'insigne de la SPA 160 sur sa dérive, emportant des réservoirs pendulaires de 2 000 l et des missiles d'exercice MATRA Magic 2. Son fuselage avait reçu une reproduction de la coupe Comète remportée par l'escadron en 1998.

Le Mirage 2 000 N n°313 de l'EC 2/4 «La Fayette» portant l'insigne de la SPA 167 sur sa dérive, configuré avec un réservoir ventral de 1 300 l de type Mirage III et avec des lance roquettes MATRA LRF 4.

62

Le Mirage 2 000 N n°318 de l'EC 2/4 « La Fayette » portant l'insigne de l'escadrille N 124 sur sa dérive, en configuration de guerre avec des réservoirs pendulaires de 2 000 l et avec des missiles MATRA Magic 2 BDG. Le nez avait reçu une éphémère gueule requin à l'occasion d'un exercice en Belgique en mars 2004.

Le Mirage 2000 N n°341 de l'EC « 2/4 La Fayette » portant l'insigne d'escadron aux armoiries du marquis de La Fayette sur sa dérive, configuré avec des réservoirs pendulaires de 2 000 l.

Le Mirage 2 000 N n°364 de l'EC 2/4 « La Fayette » portant l'insigne d'escadron à trois escadrilles sur sa dérive, configuré avec des réservoirs pendulaires de 2 000 l et avec des missiles MATRA Magic 2 BDG.

Le Mirage 2 000 N n°326 de l'EC 3/4 « Limousin », portant l'insigne du 1.GC 1/9 sur sa dérive, emportant des réservoirs pendulaires de 2 000 l et des lance missiles Magic 2.

Le Mirage 2000 N n°302 de l'EC 3/4 «Limousin» portant l'insigne d'escadron à trois escadrilles sur sa dérive, configuré avec des réservoirs pendulaires de 2 000 l et avec des missiles MATRA Magic 2 BDG.

Le Mirage 2000 N n°314 de l'EC 3/4 «Limousin», portant sur une version éphémère de l'insigne de la SPA 96 sur sa dérive, configuré avec des réservoirs pendulaires de 2 000 N et avec des lance missiles Magic 2.

Le Mirage 2000 N n°305 de l'EC 3/4 «Limousin», portant l'insigne du 2.GC 1/9 sur sa dérive, emportant des réservoirs pendulaires de 2 000 l et des missiles d'exercice Magic 2.

Le Mirage 2000 N n°367 de l'EC 3/4 «Limousin» avec les nouveaux marquages en vigueur dans l'Armée de l'air, emportant un missile ASMP-A sous IT 772, des réservoirs pendulaires de 2 000 l et des missiles MATRA Magic 2 BDG. Cet avion a réalisé le premier tir d'évaluation des forces d'un ASMP-A dans le cadre de l'opération Topaze.

Le Mirage 2000 N n°367 alors affecté à l'EC 2/3 «Champagne», en camouflage sable dont sa perche de ravitaillement en vol à l'exception du brouilleur ESD CAMELEON, portant l'insigne de la SPA 67 sur sa dérive, configuré avec des réservoirs pendulaires de 2 000 l.

Le Mirage 2000 N n°357 de l'EC 2/3 «Champagne» portant l'insigne de la SPA 102 sur sa dérive, configuré avec un réservoir pendulaire de 1 300 l de type Mirage 2000 en ventral et avec des missiles Magic 2 BDG.

Le Mirage 2000 N n°362 de l'EC 2/3 «Champagne», portant l'insigne de la SPA 75 sur sa dérive, configuré avec des réservoirs pendulaires de 2 000 l et avec des missiles d'exercice Magic 2.

Le Mirage 2000 N n°358 de l'EC 2/3 «Champagne» en camouflage sable à l'exception du brouilleur ESD CAMELEON pour un exercice Red Flag, portant l'insigne de la SPA 102 sur sa dérive, configuré avec des réservoirs pendulaires de 2 000 l et avec des missiles d'exercice Magic 2.

LA SÉRIE DES

◢ N 01
Le Mirage 2000 N 01 à la mise en route à Cazaux pour un vol d'essais, configuré avec des réservoirs pendulaires de 1 700 l modifiés pour l'emport de caméras et une maquette de missile ASMP en point ventral. *(Dassault Aviation)*

◢ N 02
Le Mirage 2000 N 02 au départ d'un vol d'essai, configuré avec un pod de désignation laser Thomson CSF ATLIS, un réservoir ventral de 1 300 l, une bombe guidée laser MATRA de 1 000 kg et une maquette de missile Magic 2. *(Dassault Aviation)*

◢ 301
Affecté chez Dassault pour des développements de standards, le n° 301 en vol à basse altitude, configuré avec des réservoirs pendulaires de 2 000 l, une maquette de missile ASMP et des maquettes de missile Magic 2. *(Dassault Aviation)*

◢ 302
Le n° 302 en approche d'Istres, portant l'insigne de l'EC 3/4 « Limousin » sur sa dérive, configuré avec des réservoirs pendulaires de 2 000 l et des lance-missiles Magic 2. *(CFAS)*

◢ 303
Le n° 303 affecté à l'Escadron de Chasse 5/330 « Côte d'Argent » du CEAM portant son insigne sur sa dérive à Mont-de-Marsan, configuré avec des réservoirs pendulaires de 2 000 l non camouflés. *(DR/Collection H. Beaumont)*

MIRAGE 2000 N

304
Le n° 304 affecté à l'EC 3/4 « Limousin » portant l'insigne d'escadron sur sa dérive, en vol à très basse altitude et configuré avec une maquette de missile ASMP, des réservoirs pendulaires de 2000 l et des lance-missiles Magic 2. *(Sirpa Air)*

305
Le n° 305 affecté à l'EC 3/4 « Limousin » portant l'insigne du 2.GC 1/9 sur sa dérive, configuré avec des réservoirs pendulaires de 2000 l, au roulage à Istres avant une mission d'entraînement.
(DR/Collection H. Beaumont)

306
Le n° 306 affecté à l'EC 1/4 « Dauphiné » portant l'insigne de la SPA 81 sur sa dérive, en vol à très basse altitude configuré avec une maquette de missile ASMP, des réservoirs pendulaires de 2000 l et des missiles d'exercice Magic 2.
(Dassault Aviation)

307
Le n° 307 affecté à l'EC 1/4 « Dauphiné » portant l'insigne de la SPA 37 sur sa dérive, configuré avec des réservoirs pendulaires de 2000 l non camouflés et des lance-missiles Magic 2.
(DR/Collection H. Beaumont)

308
Le n° 308 affecté à l'EC 1/4 « Dauphiné » portant l'insigne de la SPA 81 sur sa dérive, configuré avec des réservoirs pendulaires de 2000 l et des missiles d'exercice Magic 2. *(E. Bannwarth)*

67

309
Le n° 309 affecté à l'EC 2/4 « La Fayette » portant l'insigne de la SPA 160 sur sa dérive, configuré avec des réservoirs pendulaires de 2000 l et des lance-missiles Magic 2. *(J.L. Brunet)*

310
Le n° 310 affecté à l'EC 3/4 « Limousin » portant l'insigne du 2.GC 1/9 sur sa dérive à Istres, configuré avec des réservoirs pendulaires de 2000 l et des lance-missiles Magic 2. *(E. Desplaces)*

311
Le n° 311 affecté à l'EC 2/4 « La Fayette » portant l'insigne de la SPA 160 agrémenté de petites flèches sur sa dérive, en configuration lisse. *(J.L. Brunet)*

312
Le n° 312 affecté à l'EC 1/4 « Dauphiné » au retour d'une mission à Luxeuil, portant sur sa dérive un insigne créé par l'École des Pupilles de l'Air parrainée par l'escadron en 2009 et les nouveaux codes en vigueur dans l'Armée de l'Air (marquage dérive depuis 2006 et numéro d'escadre remplacé par le numéro de base d'affectation depuis février 2009), configuré avec des réservoirs pendulaires de 2000 l et des lance-missiles Magic 2. *(H. Beaumont)*

313
Le n° 313 affecté à l'EC 2/4 « La Fayette » portant sur sa dérive l'insigne de la SPA 167, configuré avec une maquette de missile ASMP, des réservoirs pendulaires de 2000 l et des missiles d'exercice Magic 2. *(J.L. Brunet)*

314
Le n° 314 affecté à l'EC 3/4 « Limousin » portant sur sa dérive l'insigne de la SPA 96 dans une version rouge éphémère, avec son équipage à bord se préparant à la mise en route.
(DR/Collection H. Beaumont)

315
Le n° 315 affecté à l'EC 3/4 « Limousin » portant sur sa dérive l'insigne de la SPA 96 en rouge, configuré avec des réservoirs pendulaires de 2 000 l et des lance-missiles Magic 2.
(DR/Collection J.L. Brunet)

316
Le n° 316 affecté à l'EC 3/4 « Limousin », portant sur sa dérive l'insigne de la SPA 96 définitif, venant de mettre en route à Mont-de-Marsan au départ d'une mission d'entraînement.
(DR/Collection H. Beaumont)

317
Le n° 317 affecté à l'EC 2/4 « La Fayette » à Luxeuil, portant sur sa dérive l'insigne de la SPA 160. L'avion avait reçu des marquages « Armée de Terre » au-dessus de son code et sur le réservoir pendulaire gauche de 2 000 l.
(DR/Collection H. Beaumont)

318
Le n° 318 affecté à l'EC 2/4 « La Fayette », portant sur sa dérive l'insigne de la N 124 et une gueule de requin peinte à l'occasion d'un exercice en Belgique en mars 2004, configuré avec des réservoirs pendulaires de 2 000 l et des lance-missiles Magic 2. *(J.F. Lipka)*

319

Le n° 319 affecté à l'EC 2/4 « La Fayette », portant l'insigne d'escadron à deux escadrilles, configuré avec des réservoirs pendulaires de 2 000 l et des missiles Magic 2 d'exercice, pourvu de protections et de sécurités repérables à leurs flammes rouges. *(DR/Collection H. Beaumont)*

320

Le n° 320 affecté à l'EC 3/4 « Limousin » portant l'insigne de la SPA 96 sur sa dérive, configuré avec des réservoirs pendulaires de 2 000 l et lance-missiles Magic 2, aligné sur la piste d'Istres en attente de l'autorisation de décollage. *(Dassault Aviation)*

321

Le n° 321 affecté à l'EC 2/4 « La Fayette » portant l'insigne de la N 124 sur sa dérive, configuré avec une maquette de missile ASMP, des réservoirs pendulaires de 2 000 l et des missiles d'exercice Magic 2, en préparation pour un départ en mission. *(J.P. Bezard)*

322

Le n° 322 affecté à l'EC 1/4 « Dauphiné » portant l'insigne de la SPA 92 sur sa dérive et les nouveaux marquages en vigueur dans l'Armée de l'Air, au retour d'une mission à Luxeuil, configuré avec des réservoirs pendulaires de 2 000 l et des lance-missiles Magic 2. *(H. Beaumont)*

323

Le n° 323 affecté à l'EC 3/4 « Limousin » portant l'insigne du 1.GC 1/9 sur sa dérive, se préparant à la mise en route à Istres, configuré avec des réservoirs pendulaires de 2 000 l et des lance-missiles Magic 2. *(B. Lestrade)*

324

Le n° 324 affecté à l'EC 3/4 « Limousin » portant une version éphémère de l'insigne du 1.GC 1/9 sur sa dérive, configuré avec des réservoirs pendulaires de 2 000 l. *(J.P. Bezard)*

325

Le n° 325 affecté à l'EC 2/4 « La Fayette » portant l'insigne de la SPA 167 sur sa dérive à la sortie de sa hangarette pour un départ en mission d'entraînement à Luxeuil, configuré avec des réservoirs pendulaires de 2 000 l et des lance-missiles Magic 2. *(J.L. Brunet)*

326

Le n° 326 affecté à l'EC 3/4 « Limousin » portant l'insigne du 1.GC 1/9 sur sa dérive en vol à basse altitude, configuré avec une maquette de missile ASMP, des réservoirs pendulaires de 2 000 l et des missiles d'exercice Magic 2. *(Dassault Aviation)*

327

Le n° 327 affecté à l'EC 3/4 « Limousin » portant l'insigne du 1.GC 1/9 sur sa dérive, configuré avec des réservoirs pendulaires de 2 000 l et des lance-missiles Magic 2. *(DR/Collection H. Beaumont)*

328

Le n° 328 affecté à l'EC 2/4 « La Fayette » portant l'insigne de la N 124 sur sa dérive, configuré avec des réservoirs pendulaires de 2 000 l et des missiles d'exercice Magic 2. Les points blancs de contrôle peints sur l'avion chez le constructeur en preuve de conformité témoignaient d'une récente livraison. *(J. Moulin)*

329

Le n° 329 affecté à l'EC 2/4 « La Fayette » portant l'insigne de la SPA 160 sur sa dérive, se présentant au break à Luxeuil, configuré avec des réservoirs pendulaires de 2 000 l et des lance-missiles Magic 2. *(H. Beaumont)*

330

Le n° 330 affecté à l'EC 1/4 « Dauphiné » portant l'insigne de la SPA 37 sur sa dérive, avec un équipage s'apprêtant à monter dans l'avion stationné dans une marguerite à Luxeuil, configuré avec des réservoirs pendulaires de 2 000 l et des lance-missiles Magic 2. *(Dassault Aviation)*

331

Le n° 331 affecté à l'EC 3/4 « Limousin » portant l'insigne de la SPA 96, échelles pour l'équipage en place, configuré avec des réservoirs pendulaires de 2 000 l et des lance-missiles Magic 2. *(DR/Collection H. Beaumont)*

332

Le n° 332 affecté à l'EC 2/3 « Champagne » à l'atterrissage, portant l'insigne de la SPA 75 sur sa dérive, configuré avec des réservoirs pendulaires de 2 000 l et des lance-missiles Magic 2. *(DR/Collection H. Beaumont)*

333

Le n° 333 affecté à l'EC 1/4 « Dauphiné » portant l'insigne de la SPA 37 au retour d'une mission d'entraînement à Luxeuil, configuré avec des réservoirs pendulaires de 2 000 l et des missiles d'exercice Magic 2. *(H. Beaumont)*

334

Le n° 334 affecté au CEAM portant son insigne sur sa dérive, aligné sur la piste de Mont-de-Marsan en attente de l'autorisation de décollage, configuré avec des réservoirs pendulaires de 2 000 l. *(DR/Collection H. Beaumont)*

335

Le n° 335 affecté à l'EC 2/4 « La Fayette » portant l'insigne d'escadron sur sa dérive, équipage à bord prêt à la mise en route comme en témoignait la prise reliée au groupe de démarrage. L'avion était configuré avec un réservoir ventral de 1 300 l de type Mirage III. *(J.L. Brunet)*

336

Le n° 336 affecté à l'EC 2/4 « La Fayette » portant l'insigne de la SPA 160 sur sa dérive, configuré avec des réservoirs pendulaires de 2 000 l et des lance-missiles Magic 2. *(H. Beaumont)*

337

Le n° 337 affecté à l'EC 2/4 « La Fayette » portant l'insigne du CFEN sur sa dérive, le mécanicien avion aidant le pilote à s'équiper avant un départ en mission à Luxeuil, configuré avec des réservoirs pendulaires de 2 000 l et des missiles d'exercice Magic 2. *(H. Beaumont)*

338

Le n° 338 affecté à l'EC 3/4 « Limousin » portant un insigne réduit du 1.GC 1/9 sur sa dérive, configuré avec des réservoirs pendulaires de 2000 l et des lance-missiles Magic 2.
(DR/Collection H. Beaumont)

339

Le n° 339 affecté à l'EC 1/4 « Dauphiné » portant l'insigne de la SPA 92 sur sa dérive ainsi qu'une représentation de la coupe Comète gagnée par l'escadron, configuré avec des réservoirs pendulaires de 2000 l et des missiles d'exercice Magic 2 aux sécurités et protections en place.
(DR/Collection J.L. Brunet)

340

Le n° 340 affecté à l'EC 1/4 « Dauphiné », portant l'insigne d'escadron à deux escadrilles, configuré avec des réservoirs pendulaires de 2000 l et des lance-missiles Magic 2. L'avion n'a jamais été mis en service dans un autre escadron. *(A. Duvernoy)*

341

Le n° 341 affecté à l'EC 1/4 « Dauphiné » portant l'insigne de la SPA 37 sur sa dérive et une représentation de la coupe Comète gagnée par l'escadron, au roulage pour un départ en mission lors d'un exercice « Red Flag » à Nellis AFB, configuré avec des réservoirs pendulaires de 2000 l. L'avion emportait un conteneur de recueil de paramètres MATRA NECA sous un lance-missiles Magic 2, permettant la transmission instantanée de données (vitesse, altitude, sélection d'armements, etc.).
(DR/Collection H. Beaumont)

342

Le n° 342 affecté à l'EC 1/4 « Dauphiné » ne portant pas d'insigne d'escadrille mais une représentation de la coupe Comète gagnée par l'escadron sur le haut de sa dérive, configuré avec des réservoirs pendulaires de 2000 l et avec des lance-missiles Magic 2. L'avion avait reçu un camouflage sable appliqué pour un exercice « Red Flag » désormais passablement dégradé, son équipage s'apprêtant à mettre en route pour une mission d'entraînement.
(DR/Collection H. Beaumont)

343
Le n° 343 affecté à l'EC 1/4 « Dauphiné » portant l'insigne d'escadron sur sa dérive et les nouvelles marques en vigueur dans l'Armée de l'Air au décollage de Luxeuil, configuré avec des réservoirs pendulaires de 2 000 l et des lance-missiles Magic 2. *(H. Beaumont)*

344
Le n° 344 affecté à l'EC 1/4 « Dauphiné » portant l'insigne de la SPA 37 sur sa dérive et une représentation de la coupe Comète remportée par l'escadron, configuré avec des réservoirs pendulaires de 2 000 l et des lance-missiles Magic 2. *(DR/Collection H. Beaumont)*

345
Le n° 345 affecté à l'EC 2/4 « La Fayette » portant l'insigne de la SPA 160 sur sa dérive les nouvelles marques en vigueur dans l'Armée de l'Air, configuré avec des réservoirs pendulaires de 2 000 l et des lance-missiles Magic 2, avec les échelles d'accès aux postes d'équipage en place. *(H. Beaumont)*

346
Le n° 346 affecté à l'EC 1/4 « Dauphiné » en camouflage sable à l'exception du brouilleur ESD Caméléon, portant l'insigne de la SPA 81 sur sa dérive, configuré avec des réservoirs pendulaires de 2 000 l et des lance-missiles Magic 2. *(D. Joly)*

347
Le n° 347 affecté à l'EC 2/4 « La Fayette » portant l'insigne de la SPA 160 sur sa dérive, au roulage au retour d'une mission d'entraînement, configuré avec des cheminées lance bombes aux points de fuselage, des réservoirs pendulaires de 2 000 l et des lance-missiles Magic 2. *(DR/Collection H. Beaumont)*

348
Le n° 348 affecté à l'EC 2/3 « Champagne », portant l'insigne de la SPA 67 sur sa dérive, échelles d'accès aux postes d'équipage en place, configuré avec des réservoirs pendulaires de 2 000 l et des lance-missiles Magic 2. *(J.L. Brunet)*

349
Le n° 349 affecté à l'EC 2/4 « La Fayette » portant l'insigne de la N 124 sur sa dérive en vol à moyenne altitude, configuré avec une maquette de missile ASMP en point ventral, des réservoirs pendulaires de 2 000 l et des lance-missiles Magic 2. *(CFAS)*

350
Le n° 350 affecté à l'EC 3/4 « Limousin » portant l'insigne de la SPA 96 sur sa dérive, en campagne de tir à Solenzara configuré avec un lance-bombes d'exercice LBF 4 en point ventral et des réservoirs pendulaires de 2 000 l. *(DR/Collection H. Beaumont)*

351
Le n° 351 affecté à l'EC 1/4 « Dauphiné » portant l'insigne de la SPA 81 sur sa dérive, en configuration lisse. L'avion avait été pris en compte récemment comme en témoignaient les points blancs de contrôle peints sur l'avion chez le constructeur en preuve de conformité, ainsi que l'absence de perche de ravitaillement en vol. *(A. Duvernoy)*

352
Le n° 352 affecté à l'EC 2/3 « Champagne », portant l'insigne de la SPA 75 sur sa dérive, configuré avec des réservoirs pendulaires de 2 000 l. *(J.L. Brunet)*

353

Le n° 353 affecté à l'EC 2/3 « Champagne » portant une décoration spéciale sur sa dérive célébrant les 25 000 heures de vol sur Mirage 2000 N, en vol à basse altitude en formation avec le Mirage 2000 D n° 630 de la même unité au-dessus des Vosges, configuré avec des réservoirs pendulaires de 2 000 l. *(J.L. Brunet)*

354

Le n° 354 affecté à l'EC 2/3 « Champagne », portant l'insigne de la SPA 67 sur sa dérive en vol à basse altitude, configuré avec une poutre CRP 401 pour réservoir ventral de 1 300 l, des réservoirs pendulaires de 2 000 l et des lance-missiles Magic 2. *(Dassault Aviation)*

355

Le n° 355 affecté à l'EC 2/3 « Champagne » en camouflage sable et portant l'insigne de la SPA 102, configuré avec des réservoirs pendulaires de 2 000 l et des lance-missiles Magic 2. *(J.L. Brunet)*

356

Le n° 356 affecté à l'EC 2/4 « La Fayette » dépourvu d'insigne d'escadrille, configuré avec des réservoirs pendulaires de 2 000 l et des lance-missiles Magic 2. Son équipage était aidé par le mécanicien avion avant un départ en mission d'entraînement. *(DR/Collection H. Beaumont)*

77

357

Le n° 357 affecté à l'EC 2/4 « La Fayette » portant l'insigne de la SPA 167 sur sa dérive, au roulage pour une mission d'entraînement configuré avec des réservoirs pendulaires de 2 000 l et des lance-missiles Magic 2. *(E. Desplaces)*

358

Le n° 358 affecté à l'EC 2/3 « Champagne » portant l'insigne de la SPA 75 sur sa dérive à l'atterrissage, configuré avec des réservoirs pendulaires de 2 000 l, des cheminées lance bombes aux points de fuselage et des lance-missiles Magic 2. *(J.L. Brunet)*

359

Le n° 359 affecté à l'EC 2/4 « La Fayette » dépourvu d'insigne d'escadrille, au sortir de sa hangarette pour une mission d'entraînement, emportant une poutre CRP 401 pour réservoir ventral de 1 300 l et avec des lance-missiles Magic 2. *(J.L. Brunet)*

360

Le n° 360 affecté à l'EC 2/3 « Champagne », portant l'insigne de la SPA 75 sur sa dérive, prêt pour une mission configuré avec un réservoir ventral de 1 300 l et avec des lance-roquettes LRF 4. *(J.L. Brunet)*

361
Le n° 361 affecté à l'EC 2/3 « Champagne », portant l'insigne de la SPA 102 sur sa dérive, à l'atterrissage, configuré avec des réservoirs pendulaires de 2 000 l. *(J.L. Brunet)*

362
Le n° 362 affecté à l'EC 2/3 « Champagne » portant l'insigne de la SPA 102 sur sa dérive, au roulage pour une mission d'entraînement, configuré avec un réservoir ventral de 1 300 l et des lance-missiles Magic 2. *(J.L. Brunet)*

363
Le n° 363 affecté à l'EC 2/3 « Champagne » en camouflage sable portant l'insigne de la SPA 67 sur sa dérive, échelles d'accès aux postes d'équipage en place, configuré avec des bidons pendulaires de 2 000 l et des lance-missiles Magic 2. *(J.L. Brunet)*

364
Le n° 364 affecté à l'EC 2/4 « La Fayette » portant l'insigne de l'escadron sur sa dérive au décollage de Luxeuil, configuré avec des réservoirs pendulaires de 2 000 l et avec des lance-missiles Magic 2. *(H. Beaumont)*

365
Le n° 365 affecté à l'EC 1/4 « Dauphiné » portant l'insigne de l'escadron au retour d'une mission d'entraînement, configuré avec des réservoirs pendulaires de 2 000 l et avec des lance-missiles Magic 2. *(H. Beaumont)*

366
Le n° 366 affecté à l'EC 2/4 « La Fayette » portant l'insigne de la SPA 160 sur sa dérive au roulage pour une mission d'entraînement, configuré avec des réservoirs pendulaires de 2 000 l et avec des lance-missiles Magic 2. *(J.L. Brunet)*

367
Le n° 367 affecté à l'EC 2/3 « Champagne » portant l'insigne de la SPA 67 sur sa dérive en camouflage sable intégral (perche de ravitaillement comprise) devant sa hangarette, configuré avec des réservoirs pendulaires de 2 000 l et avec des missiles d'exercice Magic 2. *(DR/Collection H. Beaumont)*

368
Le n° 368 affecté à l'EC 1/4 « Dauphiné » portant l'insigne de la SPA 92 sur sa dérive à Luxeuil, configuré avec des réservoirs pendulaires de 2 000 l. *(DR/Collection H. Beaumont)*

369
Le n° 369 affecté à l'EC 2/3 « Champagne » portant l'insigne de la SPA 102 sur sa dérive, configuré avec un réservoir ventral de 1 300 l et des lance-missiles Magic 2. *(J.L. Brunet)*

370
Le n° 370 affecté à l'EC 3/4 « Limousin » portant l'insigne de l'escadron à trois escadrilles sur sa dérive, devant sa hangarette à Istres, configuré avec des réservoirs pendulaires de 2 000 l et des missiles d'exercice Magic 2. *(E. Desplaces)*

371
Le n° 371 affecté à l'EC 2/4 « Dauphiné » en camouflage sable à Nellis AFB pour un exercice « Red Flag », portant l'insigne de la SPA 81 sur sa dérive, configuré avec des réservoirs pendulaires de 2 000 l et des missiles d'exercice Magic 2. *(DR/Collection H. Beaumont)*

372
Le n° 372 affecté à l'EC 2/4 « La Fayette », portant l'insigne de la SPA 160 sur sa dérive, configuré avec des réservoirs pendulaires de 2 000 l. *(J.L. Brunet)*

373
Le n° 373 affecté à l'EC 2/3 « Champagne » portant l'insigne de la SPA 75 sur sa dérive, configuré avec des réservoirs pendulaires de 2 000 l et des lance-missiles Magic 2. *(J.L. Brunet)*

374
Le n° 374 affecté à l'EC 2/4 « La Fayette », portant l'insigne de la SPA 160 sur sa dérive et les nouvelles marques en vigueur dans l'Armée de l'Air, vu à Luxeuil, échelles d'accès aux postes d'équipage en place et configuré avec des réservoirs pendulaires de 2 000 l et des lance-missiles Magic 2. *(H. Beaumont)*

375
Le n° 375 affecté à l'EC 2/4 « La Fayette », portant l'insigne de la N 124 sur sa dérive, vu à Luxeuil, configuré avec un réservoir ventral de 1 300 l et des lance-missiles Magic 2. *(J.L. Brunet)*

Remerciements

L'auteur exprime toute sa reconnaissance et sa gratitude aux nombreuses personnes qui lui ont permis la réalisation de ce livre, parmi lesquelles :
Le général de corps aérien Paul Fouilland, commandant les FAS,
Le capitaine Pitard Bouet du BRP des FAS,
Le commandant Trihoreau et le caporal chef Collet du Sirpa Air,
Le colonel Chittoleau,
Les commandants, les commandants en second et les personnels des Escadrons de Chasse 1/4 «Dauphiné», 2/4 «La Fayette», 3/4 «Limousin» et du CFEN,
MM. Berger, Vicel de Dassault Aviation, Mme Leduc, MM. Auguste, Bannwarth, Bezard, Brunel, Cassier, Desplaces, Duvernoy, Fluet, Joly, Klecskowski, Lambin, Leclercq, Lestrade, Liébert, Lipka, Mazzocco, Moulin, Paringaux, Piètre, Regnier, Ricci.
Mille mercis à Magali Masselin, Dominique Breffort, Jean-Marie Mongin, Cyril Defever, et Stéphane Garnaud.

Photo page de couverture :
Le Mirage 2000 N n°373 de l'EC 3/4 «Limousin» configuré avec une maquette de missile ASMP-A, des réservoirs pendulaires de 2000 l et des missiles d'exercice Magic 2. *(CFAS/Sirpa Air C. Amboise)*

Profils 1re de couverture :
Le Mirage 2000 N n°312 du «CFEN», portant son insigne sur sa dérive, avec les nouveaux marquages en vigueur dans l'Armée de l'air, configuré avec des réservoirs pendulaires de 2000 l et avec des missiles d'exercice Magic 2.

Photo 4e de couverture :
Le Mirage 2000N n°322 de l'EC 1/4 «Dauphiné» au retour d'une mission d'entrainement à Luxeuil, becs de bord d'attaque et aérofreins sortis pour un salut amical à l'auteur. *(H. Beaumont)*

Profil 4e de couverture :
Le Mirage 2000 N n°366 de l'EC 2/3 «Champagne» en camouflage sable à l'exception du brouilleur ESD CAMELEON, portant l'insigne de la SPA 75 sur sa dérive, configuré avec des réservoirs pendulaires de 2 000 l et avec des lance missiles Magic 2.

Histoire & Collections

Conception, création et réalisation Magali Masselin.
© Histoire & Collections 2012

Toute reproduction, même partielle, de cet ouvrage est interdite sans autorisation préalable et écrite de l'auteur et de l'éditeur.
ISBN : 978-2-35250-208-1
Numéro d'éditeur : 35250
Dépôt légal : 1er trimestre 2012
Première impression : 2011
© Histoire & Collections 2012

Un ouvrage édité par
HISTOIRE & COLLECTIONS
SA au capital de 182 938,82 €
5, avenue de la République F-75541 Paris Cedex 11
Tel : +33-1 40 21 18 20 / Fax : +33-1 47 00 51 11
www.histoireetcollections.fr

Cet ouvrage a été conçu, composé et réalisé par *Histoire & Collections* Entièrement sur stations informatiques intégrées.
Photogravure : *Studio A & C*
Achevé d'imprimer en février 2012 sur les presses de PRINTWORKS INT. Ltd. en Chine.